Modern Non-Destructive Testing Technologies for Wood and Applications

现代木材无损检测技术与应用

高珊　肖少良　著

化学工业出版社
·北京·

内 容 简 介

木材是传统材料，在人类文明进程中发挥着不可替代的作用，如今，依旧是家具、建筑、装饰装修等领域不可或缺的材料。《现代木材无损检测技术与应用》简要介绍了木材的结构、特征和无损检测基本方法；结合实例，着重介绍了静态弯曲技术、横向振动与纵向应力波技术、超声技术、标准荷载技术、微钻和探针技术、断层成像技术、波谱分析技术等多种无损检测技术的原理、方法和数据处理。

本书适宜从事家具、装饰装修、建筑、汽车等木材应用领域的技术人员参考。

图书在版编目（CIP）数据

现代木材无损检测技术与应用 / 高珊，肖少良著. 北京 ：化学工业出版社，2025. 10. -- ISBN 978-7-122-48959-3

Ⅰ. S781

中国国家版本馆 CIP 数据核字第 20257TD600 号

责任编辑：邢　涛　　文字编辑：郭丽芹
责任校对：李　爽　　装帧设计：韩　飞

出版发行：化学工业出版社
（北京市东城区青年湖南街 13 号　邮政编码 100011）
印　　装：北京云浩印刷有限责任公司
710mm×1000mm　1/16　印张 12　字数 268 千字
2025 年 12 月北京第 1 版第 1 次印刷

购书咨询：010-64518888　　售后服务：010-64518899
网　　址：http://www.cip.com.cn
凡购买本书，如有缺损质量问题，本社销售中心负责调换。

定　　价：88.00 元

序

在全球可持续发展理念持续深化的时代浪潮中，木材以其独特的可再生属性、卓越的环保特质以及兼具实用与美学价值的特性，成为建筑、家具、包装、装饰等领域不可或缺的关键资源，有力推动着绿色经济的蓬勃发展。然而，木材作为大自然孕育的有机材料，其内部细胞结构的多样性、纹理走向的复杂性以及密度分布的不均匀性，会因树种差异、生长环境变迁、树龄增长而产生显著变化。同时，在漫长的生长过程中，木材还极易遭受虫害侵蚀、腐朽变质、裂纹损伤等问题，致使其质量参差不齐，为木材加工产业带来诸多棘手难题。如何在不破坏木材的前提下，精准检测其质量与性能，成为制约木材产业高质量发展的瓶颈，而无损检测技术正是打开这一困局的“金钥匙”。

《现代木材无损检测技术与应用》这部学术著作的出版，恰逢其时。作者团队凭借深厚的学术积累与丰富的实践经验，系统梳理了木材无损检测技术的发展脉络，深入剖析了从传统视觉评估到超声、应力波、微波等现代高科技检测技术的原理与应用。书中不仅对各类检测技术的理论基础进行了严谨阐释，还结合大量实际案例，展示了这些技术在木材分级、缺陷检测、力学性能评估等方面的应用成果，实现了理论与实践的深度融合。

更为难得的是，本书紧跟行业前沿，聚焦基于多物理场耦合的新型检测手段、人工智能算法在木材检测中的创新应用等热点领域，为木材无损检测技术的发展指明了方向。无论是木材科学领域的研究者、高校师生，还是木材加工企业的技术人员，都能从书中汲取知识与灵感，助力推动我国木材产业向智能化、精准化方向迈进。相信这部著作的出版，必将对我国木材无损检测技术的发展与应用产生深远影响，为行业发展注入新的活力。

2025 年 7 月 1 日

前言

森林作为地球上珍贵的可再生资源宝库，不仅以其优美的自然景观和休闲价值造福人类，更是现代工业与日常生活的重要物质基础。木材作为森林的主要产出，具有天然力学性能优越性与环境友好性，又兼具多样性与复杂性，这既赋予了木材独特的魅力，也为其加工和应用带来诸多挑战。在木材特性多变的背景下，制造商和营林管理者面临稳定生产高质量产品的难题，用户则对产品性能的一致性抱有期望，而无损检测（nondestructive evaluation testing，NDT）技术正是解决这一矛盾的关键所在。该技术凭借其独特优势，革新了木材及单板分级流程，保障了工程材料质量，极大地推动了木材制品在结构与非结构领域的广泛应用与性能提升。

本书系统整合了木材无损检测领域的前沿研究成果与实践经验，致力于构建完整的知识体系。从基础的视觉评估方法到先进的科技检测技术，书中详细阐述了多种无损检测技术的原理、实施方法及实际应用案例。这些技术不仅是森林产品工业扫描系统的核心组成部分，更是提升木材产品质量与市场竞争力的关键要素，全面涵盖了现代木材及木材结构制品检测技术的原理、检测方法和应用进展，展现了从理论基础到技术前沿与应用的全貌。

本书聚焦行业先进技术与研究现状，纳入大量创新性成果，包括基于多物理原理的新型检测手段，以及针对特殊环境下木材特性变化的检测方法优化等。这些创新成果对推动木材科学及相关工程领域的发展具有重要意义，为木材加工、保护和利用等领域的专业人士提供了极具价值的参考。

书中内容精选自权威学术期刊、深度研究报告及高端学术会议资料，经精心整理编排与深入分析总结，旨在为国内相关领域的学者、研究人员及学生提供前沿且实用的学习参考资料，助力我国木材无损检测技术的发展。

本书的顺利出版，得益于国家自然科学基金面上项目（32071685；32471790）、黑龙江省规划重点及2024年黑龙江省教育科学研究基地（24GD017）和东北林业大学教育教学研究重点项目（DGYZD2023-05）的资助，在此致以衷心感谢。同时，感谢东北林业大学徐华东教授的供稿支持，以及扬州工业职业技术学院沈杰老师和研究生的协助。由衷感谢郭明辉教授的悉心审阅。此外，向本书所引用文献的作者们表示诚挚谢意。作为我国木材无损检测技术领域首部较为全面的著作，本书旨在引发更多交流与探讨，书中不足之处，恳请各位读者不吝指正。

高珊　肖少良

2025 年 7 月

目录

第1章
绪 论

1.1 木材的结构和特征

1.1.1 树木的组成部分

1.1.1.1 树根

树根是树木的地下部分，占立木总体积的5%～25%，是主根、侧根和毛根的总称。主根的功能是支持树体，保证树木的正常生长；侧根和毛根则主要是从土壤中吸收水分和矿物质营养，供叶片进行光合作用。它们是树木生长并赖以生存的基础。

1.1.1.2 树冠

树冠（如图1-1所示）是树木上部生长着的枝丫、树叶、侧芽和顶端等部分的总称。它的范围通常是由树干上部第一个大活枝算起，至树的顶梢为止。侧枝上生长着稠密的叶片。树冠中的树枝把从根部吸收的养分，由边材输送到树叶，再由树叶吸收二氧化碳，通过光合作用合成碳水化合物，供树木生长。树冠中的大枝，可产生一部分径级比较小的木材，统称为枝丫材。占树木单株木材产量的5%～25%。

1.1.1.3 树干

树干是树冠与树根之间的直立部分，是树木的主体，也是木材的主要来

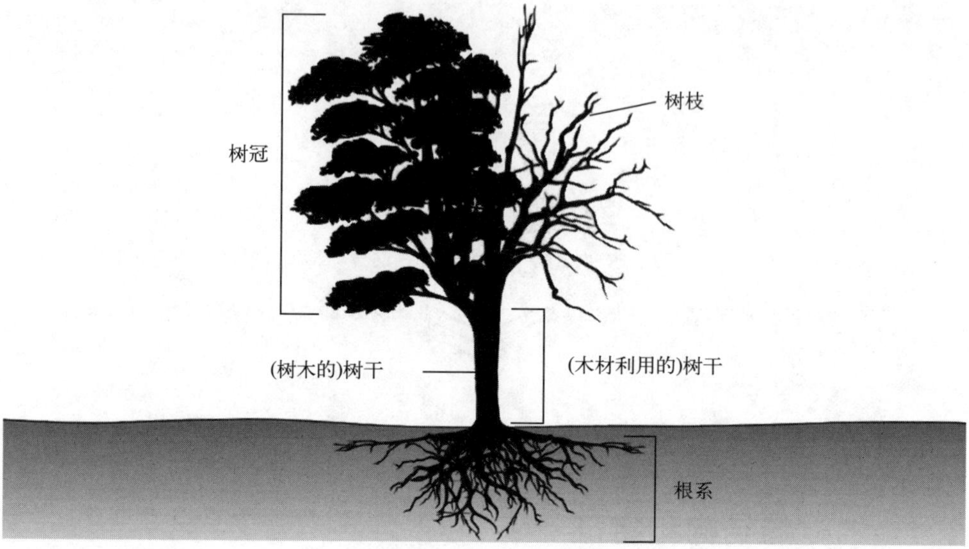

图 1-1 树各部分构成图

源，约占单株木材产量的 50%～90%。在活树中，树干具有输导、贮藏和支撑三项重要功能。木质部的生活部分（边材）把树根吸收的水分和矿物营养上行输送至树冠，再把树冠制造出来的有机养料通过韧皮部，下行输送至树体，并贮存于树干内。

1.1.2 树干的构造

1.1.2.1 树皮

树皮为包裹在树木的干、枝、根次生木质部外侧的全部组织的统称。幼茎或成熟树干嫩梢的树皮包括表皮、周皮、皮层和韧皮部等部分。

表皮仅在茎的早期发育阶段形成，对树木的幼茎起保护作用。经过一年后，表皮脱落，代之以新生的保护层——新生周皮。新生周皮可分为三层，位于周皮中间的是木栓形成层，木栓形成层向外分化形成木栓层，向内分化形成栓内层，它们合起来统称为周皮。由于木质部的直径不断增大，外表的周皮有一个破裂脱落的过程，周皮的分生细胞可由韧皮部的活细胞转化而成，从而又产生新的周皮。每当新的周皮产生后，最后形成的木栓层以外的全部树皮组织，因隔绝水分而死亡，这就是脱落过程（郑玉红，2007）。

韧皮部是由形成层分生形成的，形成层位于树皮和木质部之间，是包裹着整个树干、树枝和树根的一个连续的鞘状层，由于它的分生功能会使直径加大，故又称为侧向分生组织。形成层在生长季节向外分生新的韧皮部细胞，向内分生新的木质部细胞。由此可见，成熟树干是由周皮和韧皮部构成的（盛文林，2011）。

1.1.2.2 木质部

木质部位于形成层和髓之间，是树干的主要部分，即最有使用价值的部分。根据细胞组织的来源，木质部可分为初生木质部和次生木质部。初生木质部占很小一部分，在髓的周围。次生木质部占绝大部分，是木材的主体，在后文所介绍的木材构造和性质均指次生木质部的构造和性质，就不再另行指出。

1.1.2.3 髓

它位于树干的中心，被木质部所包围，是一种柔软的薄壁细胞组织。髓呈褐色或浅褐色。髓的形状和大小随不同的树种而异。在横切面上，大多数树种的髓呈圆形或椭圆形，但也有特殊的，如：青冈栎（*Quercus glauca*）为近似星形；桤木（*Alnus cremastogyne*）为三角形；女贞（*Ligustrum lucidum*）为四角形；银白杨（*Populus alba*）为五角形；云南石梓（*Gmelina arborea*）为矩形。在纵切面上，髓呈深色的细条状。各种针叶树材的髓大小相差不大，直径3～5mm。阔叶树材的髓有大有小，通常比针叶树材的髓大，如泡桐的髓大而中空，直径达数厘米。

1.1.3 木材的构造

木材是由无数不同形态、不同大小、不同排列方式的细胞所构成的。受基因、地理环境和气候条件等影响，各树种的木材构造具有多样性，而且物理性质也各异。但木材的构造和性质也有一定规律，除了共性的特征外，还有异性的特征。这些特征有的在肉眼或放大镜下能看到，有的需在光学显微镜下，甚至在电子显微镜下观察，也有些可以用颜色、气味和轻重等来区分（王岩峰，樊淑萍，2013）。

1.1.3.1 木材的三切面

木材的构造从不同角度观察表现出不同的特征，但其中在木材中最有价值的只有三个切面（如图 1-2 所示），即横切面、径切面、弦切面。

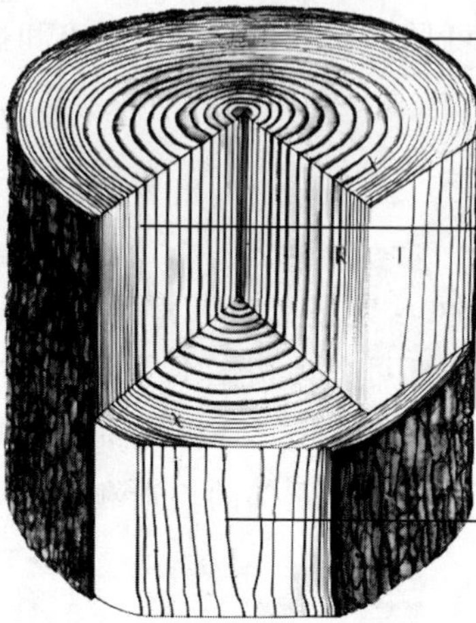

图 1-2 木材的三个切面

横切面：垂直于木纹或树轴方向截取的切面。

径切面：平行于木纹或树轴方向与木射线平行或与年轮垂直截取的切面。

弦切面：平行于木纹或树轴方向与木射线垂直或与年轮相切截取的切面。

在不同的切面上。木材细胞组织的形状、大小和排列方式也不同，通过上述三个切面，基本上可以把木材的构造特征表现出来。除此之外，木材的物理、力学性能在三个切面上也有差别。

1.1.3.2 木材的宏观构造

在肉眼或放大镜下所观察到的木材特征，称为宏观构造或粗视构造。宏观构造包括心材和边材、生长轮或年轮、早材和晚材、木射线、管孔、树脂道及轴向薄壁组织等。其中如材色、纹理等构造性质可作为识别和利用木材的辅助依据。

（1）心材和边材

一般说来，木材都有颜色，有些树种的木材，其通体颜色的深浅是均一的，而有些树种的木材，在其横切面或径切面上却呈现深浅不同的颜色。靠近树皮材色较浅的部分，称边材；靠近髓心材色较深的部分，称心材。二者材色区别明显的树种，称显心材树种或心材树种，如栎属（*Quercus*）、落叶松属（*Larix*）、杉木属（*Cunninghamia*）等的树种。而二者材色没有区别的树种，称隐心材树种或边材树种，如冷杉属（*Abies*）、云杉属（*Picea*）、桦木属（*Betula*）等的树种。

对于显心材树种，靠近树皮部分的木材颜色较浅，靠近髓心周围部分的木材颜色较深，这样依据其颜色变化，可以确定出边材和心材。一般地说，颜色变化有生理学意义，但是仅以颜色来确定边材和心材并不十分准确。

对于隐心材树种，树干中心与外围部分的木材颜色没有区别，但含水率不同，在中心处木材的含水率较低，而外围处木材的含水率较高。这样可以根据不同年轮层次的含水率差异确定边材和心材。但要测定多层次的木材含水率会耗费较长的时间，比较烦琐。例如，一般针叶树材生材（刚采伐的木材）的边材含水率大于心材，根据边材和心材的含水率差异，加拿大东部林产研究所曾研究出一种热枪，枪口正对生材圆盘的端部，吹出温度约为 150℃ 的热风，处理一定时间后，发现心材表面迅速变干，而边材表面仍呈湿润状态，以此可区别边材和心材。

对于隐心材中的边材树种，如椴木、桦木、杨木等，其边材和心材既无明显的颜色差异又无明显的含水率变化，因而难以区别边材和心材。

在隐心材树种中，树干的中心部分常因真菌的侵蚀而使木材的颜色发生变化，类似于心材，此部分称为假心材或伪心材，俗称红心、水心。但假心材的颜色不均匀，边缘不清晰，所以很容易识别是否是真正的心材。

各树种的木材在幼龄时全是由边材构成的，随着树龄的增加，边材逐渐转化为心材。由边材转化成心材的过程是一个复杂的生物化学变化过程。在这个转化过程中，边材的活细胞逐渐缺氧而死亡，水分输导系统阻塞，细胞腔内出现树胶、碳酸钙、色素、单宁和树脂等沉积物，由此使心材形成各种颜色（但隐心材树种或边材树种的心材不发生颜色变化），材质变硬，容积重增大，渗透能力下降，耐久性能提高。这会影响木材的加工利用，如落叶松的耐久性增强，但不易进行改性处理。由于心材的渗透能力降低，所以某些树种的心材是制作盛装溶液木桶的好材料。在细木工生产中，常利用心材的原有材色，或利用心材和边材的差异，来镶嵌美丽的图案。但有时因为心材和边材的材色不同，而影响产品的质量。例如，虽然水曲柳（*Fraxinus mandshurica*）的木材花纹美丽，是制造胶合板的上等原料，但在表板上材色不一致，也会影响外观。

（2）生长轮、早材和晚材

在每个生长季所形成的木材，在横切面上围绕髓心呈同心圆的，称为生长轮。在寒带或温带地区，树木一年仅有一个生长季，即在横切面上一年只增加一轮木材，故能将生长轮称年轮。在热带地区，气候在一年内变化不大，树木生长几乎四季不间断，一年可生长几轮，它们与雨季和旱季相符，故不能称生长轮为年轮。

生长轮在不同的切面上呈现不同的形状。在横切面上围绕髓心呈同心圆；在径切面上为明显的平行条状；在弦切面上为抛物线或“V”字形（参见图 1-2）。

生长轮在不同的年龄阶段，表现出不同的宽度。一般来说，幼龄期树木生长迅速，生长轮较宽；壮龄期生长速度减慢，生长量减少；到老龄期生长量更少，生长轮变得狭窄。在每一个生长轮内，靠近髓心部分，即生长季节早期所形成的木材，其细胞分裂速度快、体积大、细胞壁薄、材质较松软、材色较浅，此部分称为早材；而靠近树皮部分，即在生长季节后期形成的木材，由于营养物质流动能力减弱，形成层原始细胞活动能力逐渐降低，细胞分裂亦因而衰弱，于是形成了腔小壁厚的细胞，致使材质致密、材色较深，此部分称为晚材。由于早材至晚材的构造不同，在两个生长轮之间材质交界的地方组织结构有显著差异，明显地衬托出一条界线来，称轮界线（盛文林，2011）。早材至晚材的转变，有缓有急，不同树种差异较大，如针叶树材的落叶松（*Larix gmelinii*）、油松（*Pinus tabuliformis*）等和阔叶树材的环孔材早材至晚材的变化界限明显的为急变材，如针叶树材的红松（*Pinus koraiensis*）、鱼鳞云杉（*Picea jezoensis*）、冷杉（*Abies nephrolepis*）等和阔叶树材的散环孔材和半散环孔材早材至晚材的变化界限不明显的为缓变材。

生长轮的宽窄随树种、树龄和生长条件的不同而异，如泡桐（*Paulownia fortunei*）、臭椿（*Ailanthus altissima*）的生长轮很宽，而黄杨（*Buxus* sp.）在良好的生长条件下，形成的生长轮比较窄。幼龄树的生长轮比成熟材的生长轮宽。在同一株树木中，生长轮宽度的垂直变化表现为越接近树基部，生长轮越窄；越接近树梢，生长轮越宽。生长轮宽度的水平变化表现为越靠近髓，生长轮越宽；越靠近树皮，生长轮越窄。

生长轮的宽度与木材机械强度存在一定的关系。一般认为，针叶树材生长轮较宽，其木材机械强度相对较低；生长轮较窄，则木材机械强度相对较高。通常利用木材的晚材率来衡量木材的机械强度（晚材率是指晚材宽度占生长轮宽度的比例）。这是因为生长轮中晚材率是变化的，生长轮宽的，所形成的晚材率相对小；生长轮窄的，所形成的晚材率相对大。

（3）木射线

在横切面上，可以看到许多颜色较浅的呈辐射状的线条，称为射线。起源于初生分生组织向外延伸的射线，称为初生射线。初生射线可以从髓心直达树皮。起源于形成层的射线，称为次生射线。在木质部的射线部分称木射线；在韧皮部的射线部分称韧皮射线。

由于木射线的光泽与其他组织不同，所以在三个切面上表现出不同的花纹。木射线在横切面上呈辐射状；在径切面上呈垂直于年轮的平行短线；在弦切面上呈平行于木材纹理的短线。如针叶树材的木射线不发达，用肉眼或放大镜观察在横切面和弦切面上表现得不明显；阔叶树材的木射线很发达，但不同树种的射线宽度和高度是不同的。木射线宽度和高度在弦切面上可以显示出来，垂直木材纹理方向的为宽度；顺着木材纹理方向的为高度。

木射线根据其宽度分为宽木射线，肉眼下甚明显，如青冈栎、栎木等木材；细木射线，肉眼下可见或明显，如鸭脚木；极细木射线，肉眼下看不见或不明显，如枫杨、杨木。

各树种的木射线高度变化很大，例如桤木（*Alnus cremastogyne*）的木射线高度可达160mm，栎木（*Quercus* sp.）中的木射线高度为50mm，而黄杨木（*Buxus sinica*）的木射线高度不足1mm。一般木射线的高度都在1mm以上。

（4）管孔

管孔是绝大多数阔叶树材所具有的输导组织。导管在横切面上呈孔穴状，称管孔。在径切面上呈细沟状，称导管线。除昆栏树科、水青树科的树种外，导管是所有阔叶树材的特征。由于管孔较大，在肉眼或放大镜下容易见到，故称阔叶树材为有孔材；针叶树材除麻黄科的树种外，均不具导管，由于组成针叶树材的所有细胞的细胞腔很小，肉眼或放大镜下均看不见，故称针叶树材为无孔材。

管孔的有无是区别针叶树材和阔叶树材的重要特征。管孔的分布、组合和排列等对阔叶树材的识别很重要。

（5）树脂道

某些针叶树材中，由分泌细胞围绕而成的细胞间隙，称树脂道，它们是植物内部用于储存和运输树脂的通道。根据形成方式的不同通常分为正常树脂道与创伤树脂道。

正常树脂道分为轴向树脂道和横向树脂道两种。用肉眼或放大镜观察，在横切面上，轴向树脂道呈乳白色或褐色点状，大多单独分布，间或也有断续的切线状分布。放置久了的木材，树脂道常呈油滴状；在纵切面上，轴向树脂道沿木纹方向呈褐色短条状。横向树脂道存在于木射线中，与木射线细胞一起形成纺锤形木射线。横向树脂道在肉眼下很难看见。

具有正常树脂道的树种只有松科的松属（*Pinus*）、云杉属（*Picea*）、落叶松属（*Larix*）、油杉属（*Keteleeria*）、黄杉属（*Pseudotsuga*）、银杉属（*Cathaya*）等树种。

创伤树脂道是因树木受伤而产生的树脂道。创伤树脂道在横切面上连续排列呈弦向短线，常分布在早材带内。创伤树脂道可能发生在具有正常树脂道的树种中，也可能发生在没有正常树脂道的树种中，如冷杉属（*Abies*）、铁杉属（*Tsuga*）、雪松属（*Cedrus*）、水杉属（*Metasequoia*）、北美红杉属（*Sequoia*）等树种。

创伤树脂道同样分为轴向和横向两种。轴向创伤树脂道和正常轴向树脂道的区别在于，前者在横切面上常常几个连在一起呈弦列分布，多位于早材部分；横向创伤树脂道与正常横向树脂道一样，只存在于木射线之中，但横向创伤树脂道的形体较大。

具有树脂道的木材在材面上常具有深色油性线条，它影响木材的胶合和油漆。在炎热的夏季，树脂外溢，会污染衣服，因此，家具用材很少使用具有树脂道的木材。树脂道含量大的树种，其木材的透水性和吸湿性较小，而容重、发热量和耐久性增大。因此，树脂道对木材的物理、机械性质和木材的利用都有一定的影响。

（6）轴向薄壁组织

在木材横切面上，用肉眼或放大镜可以观察到部分颜色较浅的组织，这部分由轴向薄壁细胞组成，统称为轴向薄壁组织。

针叶树材的轴向薄壁组织不发达或根本没有，仅在杉木、陆均松、柏木等少数树种中存在，在肉眼或放大镜下不易见；但轴向薄壁细胞内有时含有树脂，故能看到褐色小斑点。阔叶树材的轴向薄壁组织通常比较发达，在横切面上呈现各种类型的分布，其颜色常比周围的基本组织颜色浅。所以，只要有一定数量的轴向薄壁细胞存在就不难分辨，特别在木材水湿后更容易观察到，这是识别阔叶树材的重要特征之一。根据阔叶树材中轴向薄壁组织与导管的连生关系，轴向薄壁组织可分为傍管和离管薄壁组织。

① 傍管薄壁组织。它是指轴向薄壁组织与导管相连生，它又分以下几种：

环管束状：轴向薄壁组织围绕在导管四周呈不同宽度的鞘状，如水曲柳、楹树、红楠等。

翼状：轴向薄壁组织围绕在导管四周并向两侧弦向伸展，形似鸟翼，如泡桐、榆木、桑树、苦木、鼠李等。

聚翼状：翼状薄壁组织相互连接在一起，如刺槐、花榈木、刺桐和豆科的木材等。

傍管带状：轴向薄壁组织在横切面上形成同心线或同心带，而导管包藏于此宽度的薄壁组织中，如铁刀木、黄檀、榕树等。

② 离管薄壁组织。它是指轴向薄壁组织不依附于导管周围，分别有以下几种：

星散-聚合状：轴向薄壁组织在木射线间聚集成短弦线，如壳斗科的大多数树种。

网状：轴向薄壁组织在木射线间聚集成短弦线，其弦线间的距离与木射线间的距离略等，互相交织成网状；当其距离明显比木射线间距离狭窄时，便形成梯状薄壁组织，如鸡爪树、青冈栎、胭脂木，以及山榄科、木棉科的树种。

轮界状：在生长轮交界处，轴向薄壁组织沿生长轮分布，单独形成不同宽度的浅色细线。轮界状轴向薄壁组织可分为两种：一种为轮始轴向薄壁组织，它存在于生长轮起点，如槭属（*Acer*）、金钱槭属（*Dipteronia*）、钻天柳属（*Chosenia*）、柚木属（*Tectona*）及胡桃科各属；另一种为轮末轴向薄壁组织，它存在于生长轮终点，如鹅掌楸属（*Liriodendron*）、青檀属（*Pteroceltis*）及木兰科的树种等。

离管带状：轴向薄壁组织的同心线或同心带不依附于导管，如高山榕（*Ficus altissima*）、化香树（*Platycarya strobilacea*）、水青冈（*Fagus longipetiolata*）等。

轴向薄壁组织是树木的贮藏组织，专门贮藏养料。对木材来说，轴向薄壁组织除了供识别木材以外，它的存在会导致木材的强度下降和干燥时容易开裂等木材质量问题。

1.1.4　木材的特征

木材是一种极有价值的材料，因为它可再生，分布广泛，并且需要相对较少的能量就能转化为有用的产品。因此，几个世纪以来，木材一直被用作重要的工业原料。

更重要的是，木材是生物起源的材料，因此其分子组成和基本的生理结构是自然固定的。作为一种生物材料，木材的生物属性不仅赋予其独特性能，也为木材产品的制造商和后续使用者带来了挑战。

首先木材是一种纤维材料。该纤维是一种小管状结构，结合了自然工程技术，使其成为有效的承载构件。纤维壁的微观结构呈现出有趣的布置，这与活树中的生物学功能有关，并且木材的这一属性导致其可作为材料。木材中主要沿纵向排列的纤维是木材各向异性特性的主要成因。同时纤维素也是组成木材的几种主要化学成分之一，使木材可以被许多外来的化合物渗透。木材的化学成分决定了其独特的理化性质，以黏弹性为例：木材在低应力下遵循胡克定律，但比例极限很难精确定义；在高应力下，木材表现出蠕变行为，这受水分的影响很大，并且与温度有关。木材当中存在大量的羟基是其化学特征之一，这些基团对水分子具有亲和力，并试图与周围环境中水分的部分蒸气压保持平衡。水分增加或减少的直接后果是木材膨胀或收缩。水分对木材的性能也有深远的影响。

其次，木材具有显著的各向异性特征。从工程角度来看，木材最引人注目的特点是其顺纹理与横纹理性能的巨大差异，对于某些属性，这一比值可高达50∶1。这种各向异性源于木材纤维的定向排列，使得木材在不同方向上表现出截然不同的物理力学性能。

再次，木材具有天然的可变性。即使在同一树种内，不同个体之间以及同一棵树的不同部位之间，其材性都会存在差异。这种可变性主要由遗传因素、生长环境、气候条件等多种因素造成。全球范围内广阔的林地孕育了数以千计的树种，每种树种都具有独特的材性特征，为木材的多样化应用提供了丰富的选择。

最后，木材作为可再生的天然材料，具有独特的美学价值和环境友好性。在当今社会日益关注可持续发展的背景下，木材的可再生特性显得尤为重要。与钢铁、混凝土等不可再生材料相比，木材在储存运输、建筑应用、能源供给等方面都具有明显的环境优势，这一特点使其在维持可持续技术社会发展中发挥着越来越重要的作用。

1.2　木材无损检测概况

无损检测技术在木材工业中扮演着重要的角色，它不仅能够有效评估木材的内在质量，还能指导木材的合理加工和利用。例如，超声波检测技术被广泛用于探测木材内部的裂缝和腐朽程度，确保结构木材的安全性；声发射技术则在监测木材制品的应力变化和预防结构损坏方面发挥着重要作用。这些技术的应用，不仅提高了木材产品的使用寿命，还促进了木材资源的可持续管理（王小屏，2013）。

无损检测是通过非破坏性技术表征材料物理和力学性能的科学，其核心是在不损害材料性能的前提下获取关键参数，并据此制定合理的应用决策。这种评估依靠非破坏性测试技术来提供与所讨论材料的特性、性能或状况有关的准确信息。

许多测试或技术可以归类为非破坏性技术。可以对材料或产品进行各种测试，并根据其特定的理化性质选择适当的测试。如评估一块木材的视觉特性可能是林产品行业中使用最广泛的非破坏性技术之一。在对结构性和非结构性木材进行分级时，通常考虑结节的大小、数量和位置等特征。

1.2.1　木材缺陷与木材质量检测

1.2.1.1　木材缺陷

我国国家标准有关木材缺陷的定义是，凡呈现在木材上能降低其质量、影响其使用的各种缺点，均为木材缺陷（朱蕾，2012）。

（1）天然缺陷

木材中的天然缺陷，是由树木生长的生理过程、基因的作用或在生长期中受外界环境（风、霜等）的影响所形成的，主要包括节子、裂纹、树干形状缺陷、木材构造缺陷和伤疤等。

（2）生物危害缺陷

木材是由许多不同类型的细胞，借各向同性的非纤维素胞间层物质（主要是木质素）黏结在一起所形成的有机复合体；细胞壁由天然高分子化合物纤维素、半纤维素和木质素三种主要成分构成。因此，木材具有明显的生物特性，在树木生长期间或采伐、运输、贮存、加工和使用过程中，经常受到外界生物的侵害，形成各种各样的缺陷。木材的危害生物主要有三种：微生物、昆虫和盐水中蛀蚀木材的海生钻木动物。其中，微生物包括真菌和少量细菌，致使木材产生严重的生物危害缺陷——腐朽。木材腐朽会改变材色和结构，当其细胞壁遭到木腐菌的破坏，则木材的物理性质、力学性能和化学性质及成分均有损失、变化，最终使木材变得松软易碎、变质。其他生物缺陷有变色、霉斑、软腐等（李娟等，2013）。

（3）木材加工缺陷

木材加工缺陷是指木材加工过程中产生的缺陷，主要有机械加工缺陷和干燥缺陷两种。机械加工缺陷主要指木材在锯割、刨削和砂光等加工过程中产生的缺陷。干燥缺陷是指锯材在干燥过程中，或在干燥后发生的缺陷，主要有开裂、变形等。这些缺陷常导致锯材降等、降质，严重的甚至报废。这些干燥缺陷大多是干燥过程中工艺不良、基准设置不当而造成锯材收缩不均而引起的内应力差异，以及木材自身构造上的差异干缩。先进的干燥工艺、适宜的干燥基准和熟练的操作技术，能减轻或防止这些缺陷的产生。

1.2.1.2 木材质量检测

木材是国民经济和人民生活中不可缺少的重要原材料，并广泛应用于建筑、家具制造、制浆造纸等行业（王广平，2012）。

面对当前日益突出的全球性环境问题，世界各国普遍以可持续发展作为指导本国经济发展的总原则和基本出发点。作为可持续发展战略的重要组成部分，国家将大幅减少对天然林的采伐量，调减木材产量。而另一方面，随着我国经济的发展和人民生活水平的提高，对木材的需求量在持续增加，木材作为一种资源越来越显示出其稀缺性。我国人均占有森林面积远低于世界平均水平，木材资源极度匮乏。这种供需矛盾由于人口和森林结构的现状，会持续相当长的时间。因此，为了充分利用宝贵的木材资源，正确了解它们作为原材料的性质，从而进行适当的加工和利用，需要对木材的性质和其终端用途进行系统的研究和评估。

由于树木受生长环境和遗传等因素的影响，因此具有很大的变异性。木材的这种变异性将会给木材的物理性质、力学性能及利用带来较大的不确定性。因此，如果能够快速、无损地检测木材的物理性质、力学性能，评价木材的缺陷，不但可以对木材加工过程、高效合理利用提供指导，而且还可以根据生长情况合理采伐，从源头上为监控木材质量提供参考，对森林经营、管理以及培育等起到促进作用（龙华迎，2015）。

木材的结构与性质检测既是研究其生长特性的重要内容，也是指导其科学合理加工，提高其利用率的有效手段。传统的木材检测方法大多是利用专用仪器对规定尺寸的木材试样进行研究，该方法存在检测时间长、过程烦琐等缺点，而且还需要将试样进行破坏性检测，不能满足木材生产中非破坏性快速检测和持续检测的需要。而无损检测可在不破坏木材及木质材料本身形状、原有结构和动力状态的前提下，利用物理方法和手段快速测量出木材及木质材料的尺寸、规格、表面形状和基本物理力学性质。因此，在木材工业中得到了广泛的应用（潘小兆，2011）。

1.2.2　木材无损检测技术现状

当前，无损检测已迅速发展成为涉及材料物理性质、产品损伤容限设计、制造工艺、检测技术、断裂力学和安全使用寿命评定等的综合性工程学科。对应用来说，贯穿在产品设计、加工制造、成品检验及在线检测的各个阶段。在一些工业发达国家，无损检测已被视为科学技术发展的重要支撑。

经过半个多世纪的发展，木材无损检测技术已从最初的目测法发展到现在包括振动、应力波、超声波、声发射（AE）、声-超声（AU）、波谱分析等的多种传统检测技术。近年来，随着人工智能、机器学习和深度学习技术的快速发展，木材无损检测领域正经历着革命性的变革。基于深度学习的智能检测方法，特别是卷积神经网络（CNN）、YOLO系列算法等先进技术，已广泛应用于木材表面缺陷的自动识别和分类。

这些技术现已广泛应用于木材产业链的各个环节，包括活立木性质检测与评价、原木和锯材的缺陷探测与分析、木基复合材料性能评价、古树名木诊断、古建筑评价、木材含水率测定和干燥过程的控制以及密度预测等方面。特别值得关注的是，智能化检测技术的融入使得木材生产线实现了全自动化升级，大幅提高了检测效率和准确性，推动了整个木材工业向数字化、智能化方向发展。当前木材无损检测技术发展呈现出多技术融合、智能化程度不断提升的趋势，为木材资源的高效利用和产品质量的精准控制提供了强有力的技术支撑。

1.3 木材无损检测研究最新进展

材料的无损检测简称 NDT 或 NDE，在不断发展，在木材和纤维基材料领域尤其如此。例如，对木材产品的无损检测与评估的早期研究集中于评估北美结构木材性能特征的方法。由于这些努力而产生的无损检测技术、设备和评估程序现已广泛使用。当前，全球范围内的研究和开发工作正在进行中，以检查各种无损检测技术在评估木材和木基材料方面的潜在用途——从立木到木质材料的评估。

木材无损检测的原始动力是需要提供评估木质材料和产品的方法，以便可以就正确使用做出更准确的决定。这仍然是木材无损检测研究的主要动力，同时该类科学技术需面对两个重大挑战。首先，全世界越来越重视解决生态系统，如森林健康问题。在广泛的生长条件下合理利用木质生物质将在提供经济选择的同时更好地在管理这些森林和生态系统健康方面发挥关键作用。其次，市场本质上已经变得越来越全球化。现在，在不同地区的国家之间运输原材料和产品变得司空见惯。这两个挑战都需要准确且具有一定成本效益的 NDT/NDE 技术。

1.4 本书的著作思路和内容

本书旨在系统、全面地介绍当前木材无损检测技术的基本原理、实验方法、应用领域及研究进展，为科研人员和工程技术人员提供关于该领域的系统知识。全书内容从木材的结构特征和无损检测（NDE）方法的基本概念入手，依次探讨不同检测技术的适用性、技术优势与局限性，最终总结发展趋势。本书既涵盖了经典检测方法如静态弯曲和声发射技术，也包括了如激光电子剪切散斑干涉等新兴技术，力求展现木材无损检测技术的最新进展与未来发展方向，为相关科研人员提供一份结构化的知识图谱。

第 1 章为绪论，介绍了木材的结构和特征及无损检测的概况，并总结近年来的研究进展，为后续各章的技术讨论奠定基础。通过对木材无损检测的背景、发展历史及现状的概述，读者将对本书内容有整体的了解。

第 2 章为静态弯曲技术，介绍了静态弯曲技术中拉伸试验、压缩试验和弯曲试验的基本原理和测量方法等。通过这些试验评估木材的力学性能，如抗拉强度、抗压强度和抗弯强度。并且讨论了静态弯曲技术在木材科学领域的应用现状及研究进展，强调了其在材料力学性能测试中的重要性。

第 3 章为横向振动及纵向应力波技术，介绍了通过分析木材振动频率和应力波传播速度来评估木材物理和力学属性的无损检测方法，同时探讨其在检测木材内部缺陷和分析木材结构特性方面的作用。由于横向振动及纵向应力波技术具有的非破坏性、高效性，使得它们成为木材品质评估的重要工具。

第 4 章为声发射与声-超声技术，介绍了声发射与声-超声技术的无损检测过程、分析方法及应用领域等。二者在进行检测过程中采用不同原理，使得声发射技术更多应用于评估木材的损伤程度与失效风险等领域，声-超声技术则作为识别木材的空洞、腐朽等内部缺陷的重要方法。

第 5 章为标准荷载（验证荷载）技术，介绍了该技术的基本原理、检测方法以及最新的研究进展。该技术通过施加已知载荷并同步测量其引起的结构响应，从而对木材的性能进行评估。这种分析方法对于确保木材质量的稳定性和安全性具有重要意义，为木材结构的设计和维护提供了科学依据。

第 6 章为微钻、探针和取木芯技术，介绍了通过钻入木材分析阻力变化来评估性能的微钻技术，通过测量探针射入深度推断木材密度的探针技术，通过钻取木芯样本评估物理性质和力学性能的取木芯技术。这些技术适用于检测木材内部缺陷和评估性能，对古建筑木结构保护和树木生长研究等具有重要价值。

第 7 章为电阻及计算机断层成像技术，分别介绍了电阻断层成像技术以及计算机断层成像技术的实现原理，讨论了如何利用电阻断层成像和 CT 扫描等图像技术来检测木材内部结构，最后展示了相关器械及其成像。通过对木材内部成像，电阻及计算机成像技术实现了对木材状态的可视化分析，为无损检测提供了高效、精准的手段。

第 8 章为波谱分析技术，介绍了高光谱、微波、红外线、X 射线和核磁共振波谱技术的基本概念、检测过程、效果等。由于各类波谱的波长、能量等理化性质不同，使得在无损检测中测量的木材结构与性质都有针对性，同时也在更微观的层面为木材无损检测提供重要依据。

第 9 章为激光电子剪切散斑干涉技术，介绍了激光电子剪切散斑干涉技术的基本概念、检测理论、测试条件及检测效果。激光电子剪切散斑干涉技术作为一种高效的无损检测技术，具有非接触性、全场检测和高灵敏度等显著优势，适用于木材、复合材料、金属和生物材料等多种材料的缺陷检测。

第 10 章为多方法联合木材无损检测技术及其环境影响因素，探讨了环境因素如季节温差对检测结果的影响，并分析了技术集成与优化策略。章节内容涵盖了环境因素对阻力钻孔法和电阻抗谱的无损检测技术、木质托盘损伤检测的影响。

第 11 章为木材无损检测技术的未来发展与应用，展望了木材无损检测技术的未来趋势，包括设备便捷化、成像技术发展和人工神经网络的应用，强调了这些技术在木材加工、保护和工程中的潜在应用价值。

本书通过以上结构和内容设计，努力为木材无损检测领域的科研人员、工程技术人员及高校师生提供一个深入了解该领域的权威参考。

第2章 静态弯曲技术

2.1 静态弯曲技术简介

静态弯曲技术可以追溯到1638年，当时物理学家伽利略（Galileo Galilei）用施加载荷的方法测量木头、金属的弯曲强度，被认为是有记录的人类第一次用严谨的试验方法计算材料的力学性能。在1729年，Musschenbroek发明了第一台材料试验机，它是基于杠杆原理制成的，形状很像一台大秤。到了1856年，Fairbairn发明了第一台高温力学性能测试装置。1880年，英国生产出了杠杆重锤式材料试验机。19世纪80年代，力学试验机得到了进一步发展。1908年，又生产出螺母、螺杆加载的万能试验机，这就是现在电子万能试验机的雏形。在试验机上可进行拉伸、压缩、弯曲、剪切等试验。1943年，英斯特朗研制出第一台位移闭环控制电子万能材料试验机。这些发展标志着静态弯曲技术逐步成熟，并在材料力学性能测试中发挥着重要作用。随着时间的推移，静态弯曲技术不断进步，从最初的简单实验方法逐渐演变成更为精确和复杂的测试技术，为现代材料科学的发展奠定了坚实的基础。

在木材工业中，各种无损检测（NDE）技术，如静态弯曲、横向振动、纵向应力波，已被广泛用于木材弹性模量的测量、力学性能的评估和产品分级。木材无损检测技术的研究始于20世纪50年代，其最大的优点是既不破坏材料的原有状态，又能在短时间内连续获得检测结果，有利于生产的连续性和生产效率的提高（李坚等，2003），其评价木材力学性质的主要依据是通过动态的方法测定木材的动态弹性模量，再根据动态与静态弹性模量之间的关系来实现对木材力学强度的评估（张金菊，2007）。木材弹性模量通常使用静态弯曲法测量和动态法测量。静态弯曲法测量是最传统也是最精准的弹性模量测量方式，根据木构件受力弯曲过程中所受力与变形之间的公式关系得到。这种测量方法发展历程悠久且已形成较为完整的标准体系，使其测量结果具有较高的准确性与认可度。静态弯曲法测量中有三点弯曲和四点弯曲加载两种方法，主要用于评估材料在承受静态弯曲载荷时的力学性能。这种方法特别适用于建筑材料，如木材、复合材料、混凝土和金属板材等。

木材是一种正交各向异性材料，即木材在各方向上的物理性质和力学性能存在显著差异（王正等，2024），这不但会对木材的力学性能造成较大影响，更会给其加工利用带来很大的不确定性（渡边治人，1985）。掌握木材力学性能是木结构及其构件受力分析的基础（肖岩等，2022），因此我们需要在对其结构进行检测分析并且实现分等以了解木材的力学性能后，采取相应措施来提高木材的利用率，保证利用木材的安全性。

2.1.1 基本概念和检测理论

静态试验是一种材料力学性能测试方法，广泛应用于材料科学、结构工程等领域。该试验旨在在相对静止或缓慢变化的条件下对材料或结构施加载荷，以评估其在静态载荷作用下的力学性能，如强度、刚度、稳定性等。静态试验不考虑材料的黏弹行为，不考虑应力-应变间的相位差，通常用经典的材料力学理论来处理问题。在静态试验中，试样和部件主要进行拉伸、压缩、弯曲、剪切或扭转，以测定它们的强度和变形行为。目前，拉伸、压缩和弯曲试验在静态试验中最为常用。静态试验通常采用的加载方式与测量手段如直接加载、位移控制等较为简单，但在测量过程中，试样形变速度是较慢的，这有利于测量得到更为准确的数据，以准确评估试样在承受静态载荷时的承载能力、变形特性等物理性质。

2.1.2 适用对象与测量方法

2.1.2.1 拉伸试验

拉伸试验是指在承受轴向拉伸载荷下测定材料特性的试验方法。利用拉伸试验得到的数据可以确定材料的弹性极限、伸长率、弹性模量、比例极限、面积缩减量、拉伸强度、屈服点、屈服强度和其他拉伸性能指标。在高温下进行的拉伸试验可以得到蠕变数据。金属拉伸试验的步骤可参见 ASTM E8 标准。塑料拉伸试验的方法参见 ASTM D638 标准、D2289 标准（高应变率）和 D882 标准（薄片材）。ASTM D2343 标准规定了适用于玻璃纤维的拉伸试验方法；ASTM D897 标准中规定了适用于黏结剂的拉伸试验方法；ASTM D412 标准中规定了硬橡胶的拉伸试验方法。

试样含水率为 W 时的抗拉强度，应按式（2-1）计算，精确至 0.1MPa。

$$\sigma_{t, W}=\frac{P_{max}}{bt} \tag{2-1}$$

式中 $\sigma_{t, W}$ ——试样含水率为 W 时的抗拉强度，MPa；

P_{max}——破坏荷载，N；

b——试样宽度，mm；

t——试样厚度，mm。

2.1.2.2 压缩试验

压缩试验是测定材料在轴向静压力作用下的力学性能的试验。试样破坏时的最大压缩载荷除以试样的横截面积，称为压缩强度极限或抗压强度。压缩试验主要适用于脆性材料，对于塑性材料，无法测出压缩强度极限，但可以测量出弹性模量、比例极限和屈服强度等。压缩试验是将试样放置在两个平行的压板之间，然后沿试样轴向施加压力，使试样产生压缩变形。通过测量压力和变形量，可以得到材料在压缩状态下的各种力学性能参数。材料在压缩过程中，内部的应力和应变分布会随着压力的增加而变化。在弹性阶段，应力与应变呈线性关系，遵循胡克定律，即 $\sigma=E\varepsilon$（其中 σ 为应力，E 为弹性模量，ε 为应变）。当压力继续增加，材料会进入屈服阶段和破坏阶段。

试样含水率为 W 时的顺纹抗压强度，应按式（2-2）计算，精确至 0.1MPa。

$$\sigma_{W}=\frac{P_{max}}{bt} \tag{2-2}$$

式中 σ_{W} ——试样含水率为 W 时的顺纹抗压强度，MPa；

P_{max}——破坏荷载，N；

b——试样宽度，mm；

t——试样厚度，mm。

试样含水率为 W 时径向或弦向的横纹全部抗压比例极限强度应按式（2-3）计算，精确至 0.1MPa。

$$\sigma_{P,W}=\frac{F_P}{A} \tag{2-3}$$

式中 $\sigma_{P,W}$——试样含水率为 W 时径向或弦向的横纹全部抗压比例极限强度，MPa；

F_P——比例极限荷载，N；

A——承压面积，$A=b\times l$（b 和 l 分别是试样宽度和试样长度，mm），mm^2。

试样含水率为 W 时的抗压弹性模量，应按式（2-4）计算，精确至 1MPa。

$$E_W=\frac{\Delta Pl}{bt\Delta l} \tag{2-4}$$

式中 E_W——试样含水率为 W 时的横纹抗压弹性模量，MPa；

ΔP——木材压缩比例极限以内上限与下限荷载之差，N；

l——标定变形的标距，mm；

b——试样宽度，mm；

t——试样厚度，mm；

Δl——ΔP 相对应的压缩变形值，mm。

2.1.2.3 弯曲试验

静态弯曲试验是测定材料承受弯曲载荷时的力学特性的试验。在进行弯曲试验时，试样一侧为单向拉伸，另一侧为单向压缩，最大正应力出现在试样表面，对表面缺陷敏感，因此，弯曲试验常用于检验材料表面缺陷如渗碳或表面淬火层质量等。另外，对于脆性材料，因对偏心敏感，利用拉伸试验不容易准确测定其力学性能指标，因此，常用弯曲试验测定其抗弯强度，并相对比较材料的变形能力（刘瑞堂，刘锦云，2015）。对于脆性材料弯曲试验一般只产生少量的塑性变形便会破坏，而对于塑性材料则不能测出弯曲断裂强度，但可检验其延展性和均匀性。

试样含水率为 W 时的抗弯弹性模量，应按式（2-5）计算，精确至 10MPa。

$$E_{b,W}=\frac{23Pl_b^3}{108bh^3} \tag{2-5}$$

式中 $E_{b,W}$——试样含水率为W时的抗弯弹性模量，MPa；

P——上限荷载与下限荷载之差，N；

l_b——测试跨距，mm；

b——试样宽度，mm；

h——试样高度，mm。

试样含水率为W时的抗弯强度，应按式（2-6）计算，精确至0.1MPa。

$$\sigma_{b,W}=\frac{3P_{max}l_b}{2bh^2} \tag{2-6}$$

式中 $\sigma_{b,W}$——试样含水率为W时的抗弯强度，MPa；

P_{max}——最大荷载，N；

l_b——两支座间测试跨距，mm；

b——试样宽度，mm；

h——试样高度，mm。

2.2 试验材料与测量方法

2.2.1 拉伸试验

2.2.1.1 拉伸试验材料

通过拉伸试验可以测量材料的抗拉强度，其可分为顺纹抗拉强度和横纹抗拉强度。

顺纹抗拉试样可以是生材或在气干状态下进行测试。生材试样含水率应不小于纤维饱和点（FSP）。气干材试样含水率应在相对湿度为（65±5）%和温度为（20±2）℃的环境中调整，当在8小时间隔内连续两次称重的结果之差不超过试件质量的0.2%时，则认为达到质量恒定，可停止调整。试样含水率调整后，应保存在一定条件下，以确保测试前其水分含量保持不变。试样纹理必须通直，生长轮的切线方向应垂直于试样有效部分（指中部60mm一段）的宽面。试样有效部分与两端夹持部分之间的过渡弧表面应平滑，并与试样中心线相对称。顺纹抗拉试样的形状和尺寸如图2-1。

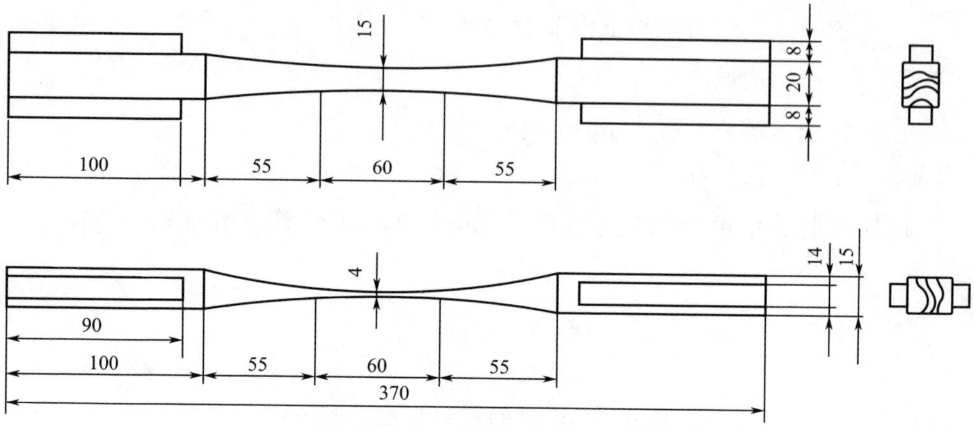

图 2-1 顺纹抗拉试样（单位：mm）

（GB/T 1927.14—2022）

横纹抗拉试样有效部分（指试样中部 30mm 一段）的纹理应与试样长轴相垂直。试样的过渡弧部分必须光滑，并与试样中心线相对称。弦向试样有效部分的厚度应具有完整生长轮。小径级试材，试样两端 30mm 的夹持部分，允许用同种木材按相同纹理方向胶接。试样应该是生材或者气干材。横纹抗拉试样的形状和尺寸如图 2-2。

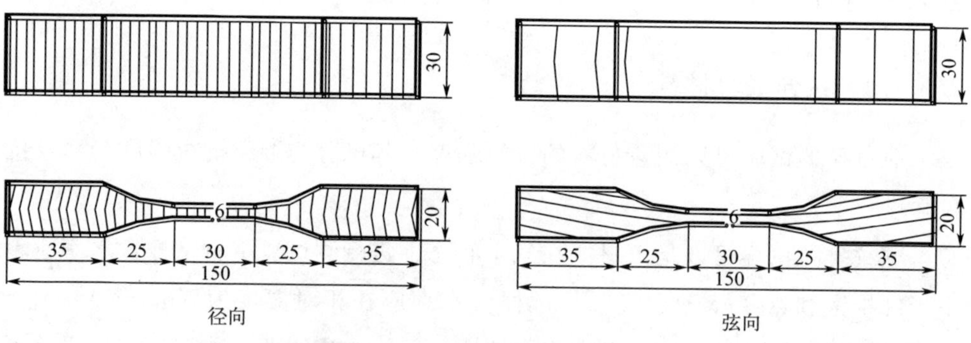

图 2-2 横纹抗拉试样（单位：mm）

（GB/T 1927.15—2022）

2.2.1.2 拉伸试验测量方法

拉伸试验测量装置为拉伸试验机（图 2-3），测定荷载的精度应符合 GB/T

1927.14—2022 和 GB/T 1927.15—2022。试验机的十字头、卡头或其他夹具行程不小于 400mm，夹钳的钳口尺寸为 10～20mm，并具有球面活动接头，以保证试样沿纵轴受拉，防止纵向扭曲。测量工具为游标卡尺或其他测量工具，测量尺寸应精确至 0.1mm。

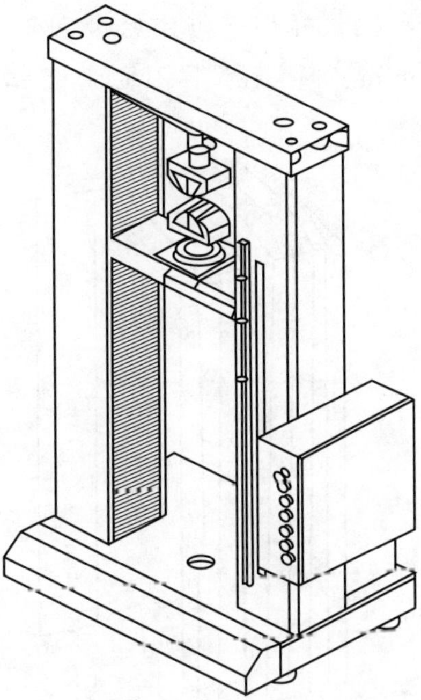

图 2-3　拉伸试验机

2.2.2　压缩试验

2.2.2.1　压缩试验材料

通过压缩试验可以测量木材的顺纹抗压强度、顺纹抗压弹性模量、横纹抗压强度和横纹抗压弹性模量。

（1）顺纹抗压

测量顺纹抗压强度的试样横截面为正方形，边长至少为 20mm，顺纹方向长度为边长 1.5 倍。当生长轮宽度大于 4mm 时，应增大边长，使试样至少包含 5 个生长轮。试样可以是气干材或生材。生材的含水率应不低于木材的纤维饱和点。气干材试样含水率的调整，应符合 GB/T 1927.2—2021。试样含水率调整后，应在合适条件下储存，使其含水率在试验前保持不变。

测量顺纹抗压弹性模量的试样在试样充裕时，取初始试样尺寸为 90mm（h）×20mm（a）×20mm（a），截断成 2 段，其中主段试样用于测定顺纹抗压弹性模量，尺寸为 60mm（h）×20mm（a）×20mm（a），长度为顺纹方向，试样的上下两端面要求平滑，互相平行并与长度方向保持垂直，见图 2-4，与主段试样相邻的次段试样用于测定密度和年轮宽度，尺寸为 20mm（h）×20mm（a）×20mm（a）。在试样不足时，只取主段试样。

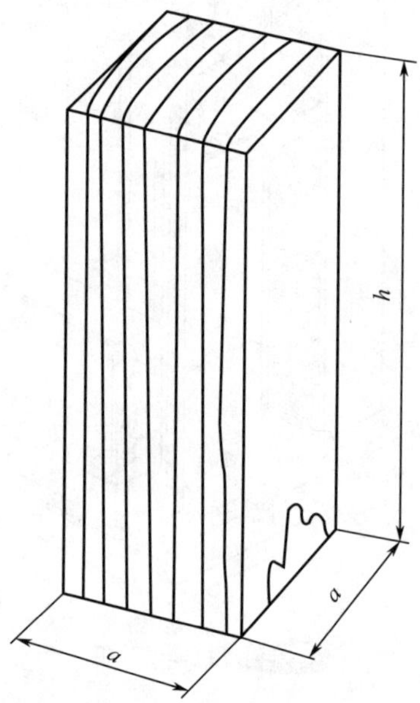

图 2-4 木材顺纹抗压弹性模量试样

（GB/T 15777—2017）

（2）横纹抗压

测量横纹抗压强度的试样取样方法应符合 GB/T 1927.2—2021。试样长度（l）为顺纹方向，l=30mm；试样高度（h）为垂直纹理加荷的方向，h=20mm；试样宽度（b）为 20mm（试样示意图见图 2-5）。当一树种试材的生长轮平均宽度在 4mm 以上或为热带木材时，试样长度、宽度和高度尺寸应增大至 75mm×50mm×50mm，或使试样至少包含 5 个生长轮。

测量横纹抗压弹性模量的试样为长方体，各面为正方形或矩形，试样尺寸如图 2-6 所示高度（h）×宽度（b）×厚度（t），其中高度（h）方向与试样

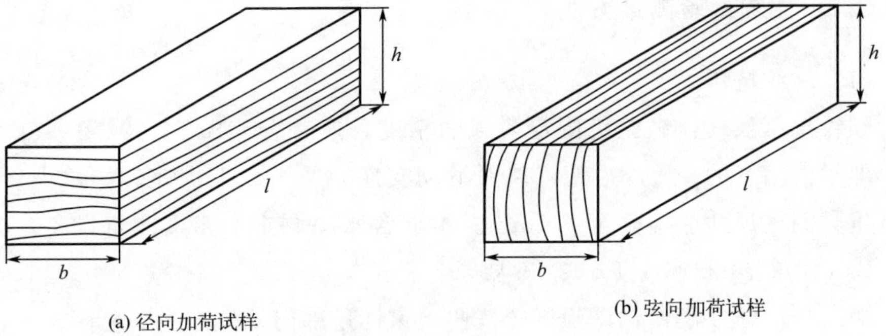

图 2-5　木材横纹抗压试样

（GB/T 1927.12—2021）

横纹压缩加载方向平行，通常为弦向或径向，高度（h）尺寸范围通常为 50～60mm；宽度（b）尺寸范围通常为 20～50mm，厚度（t）沿顺纹方向，尺寸范围为试样宽度（b）的 1～3 倍。试样的上下两端面要求平滑，互相平行且与高度方向保持垂直，见图 2-6。供制作试样的试条，从试样髓心以外由外向内均匀截取，并按试样尺寸留足干缩和加工余量。

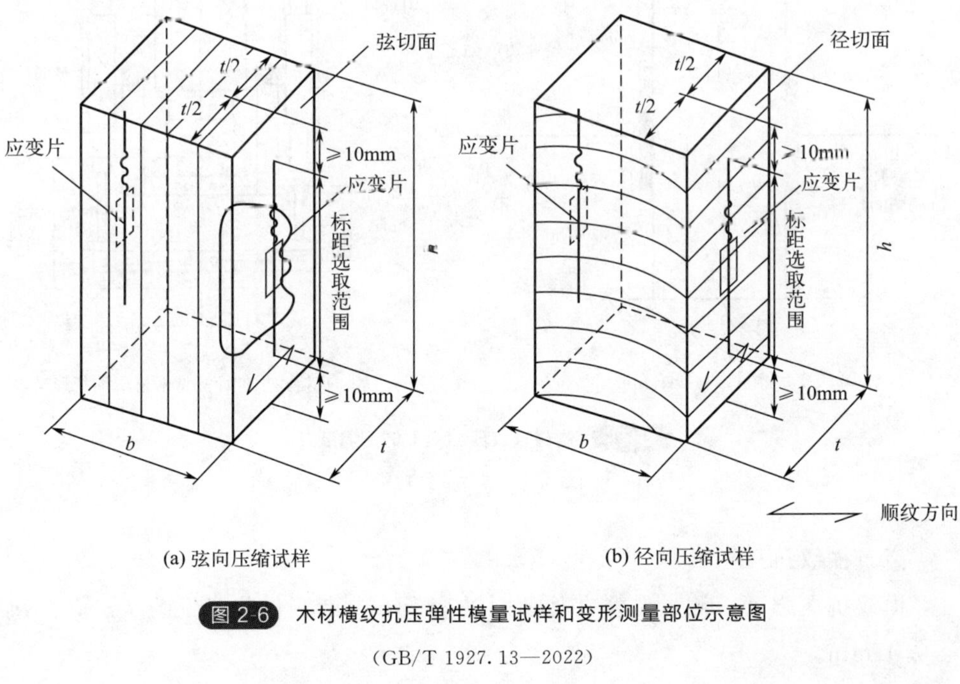

图 2-6　木材横纹抗压弹性模量试样和变形测量部位示意图

（GB/T 1927.13—2022）

2.2.2.2 压缩试验测量方法

(1) 顺纹抗压

顺纹抗压强度：试验机测定荷载的精度，应符合 GB/T 1927.2—2021 要求，即示值精度的 1%，并具有球面滑动支座，或上、下支座均能单向转动。测试量具测量尺寸应精确至 0.1mm。木材含水率测定和密度测定设备，应符合 GB/T 1927.4 和 GB/T 1927.5 要求。

顺纹抗压弹性模量：试验机应按照国家计量部门的标准程序定期校准，试验机荷载示值误差不得超过±1%，并至少具有一个球面滑动压盘（或支座）。测量变形装置为应变片或夹持式引伸计，示例见图 2-7，初始标距为 10～40mm，距离试样上下端压缩头 10mm 以上，压缩变形测量误差不大于±1%，或其他精度相当的测量变形装置。测量试样尺寸的量具宜为游标卡尺，量程不小于 100mm，测量精度至 0.01mm。

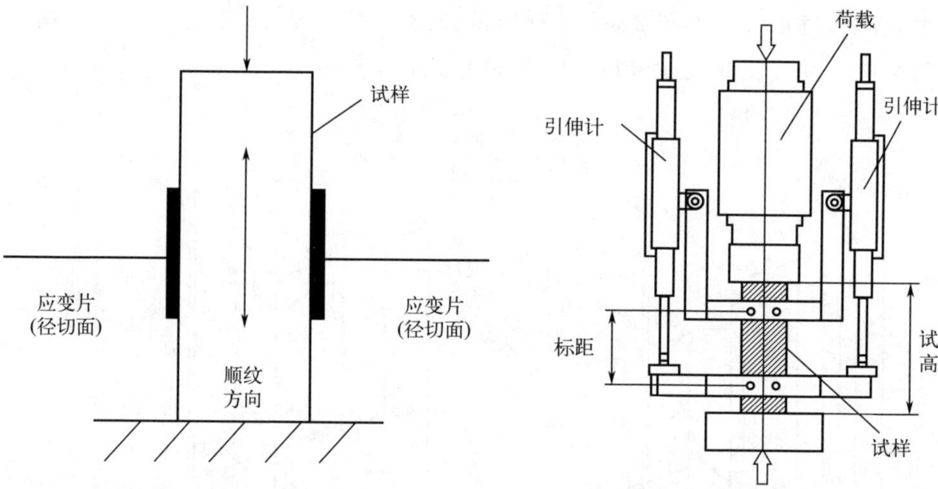

图 2-7 木材顺纹压缩变形的测量装置

(GB/T 15777—2017)

(2) 横纹抗压

横纹抗压强度：测量试样在加荷时的变形（参考测量装置见图 2-8），精确至 0.01mm。

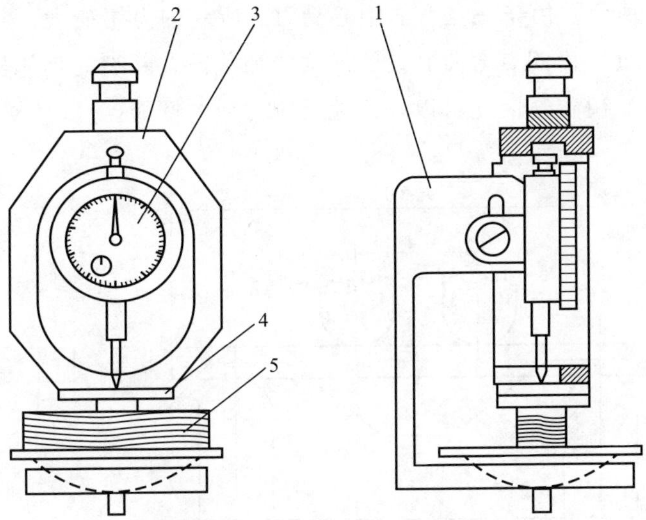

图 2-8　木材横纹抗压变形测量装置

(GB/T 1927.12—2021)

1—支座；2—框架；3—位移计；4—压头（可拆装）；5—试样

横纹抗压弹性模量：试验机应按照国家计量部门的标准程序定期校准，试验机示值误差不应超过±1%，并至少具有一个球面滑动压盘（或支座）。测量试样应变的应变片标距不小于 5mm，灵敏系数分散小于±1%，或其他测量标距变形示值相对误差±1%以内的装置。测试量具的测量尺寸应精确至 0.1mm。

2.2.3　弯曲试验

2.2.3.1　弯曲试验材料

试样尺寸为 300mm（L）×20mm（R）×20mm（T），L、R、T 分别为试样的纵向、径向和弦向尺寸。先测定抗弯弹性模量，后进行抗弯强度试验，抗弯强度试验与抗弯弹性模量的测定使用同一试样。试样可以是生材或气干材。生材试样的含水率应不低于木材的纤维饱和点。气干材试样含水率的调整，应符合 GB/T 1927.2—2021 中的规定。试样含水率调整后，应在合适条件下储存，其含水率在试验前应保持不变。

2.2.3.2　弯曲试验测量方法

弯曲试验的加载方式有三点弯曲和四点弯曲两种。弯曲试验加载方式如图

2-9 和图 2-10 所示。由于三点弯曲中心受力点所受的力矩最大，其断裂发生在集中加载截面处。而四点弯曲有足够的均匀加载段，断裂的具体位置可由均匀加载段的组织来决定，因此可以较好地反应材料的性能。

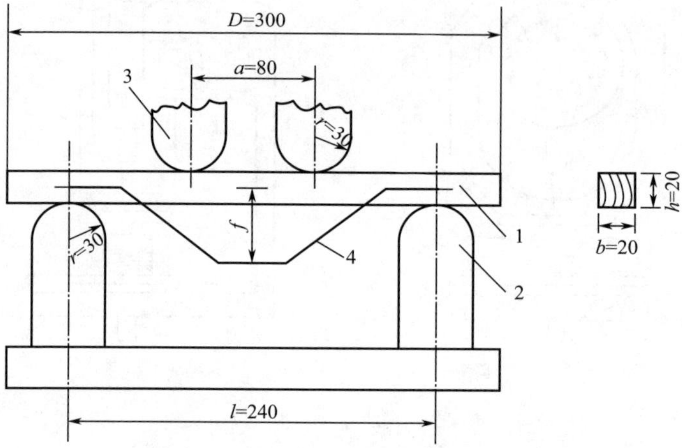

图 2-9 四点弯曲测试示意图（单位：mm）

（GB/T 1927.10—2021）

1—试样；2—支座；3—压头；4—U 形位移测量装置；D—试样纵向尺寸；b—试样宽度，为试样径向尺寸；h—试样高度，为试样弦向尺寸；a—加载点距离；l—测试跨距；r—支座、压头的端部曲率半径；f—上限荷载、下限荷载对应的试样变形值

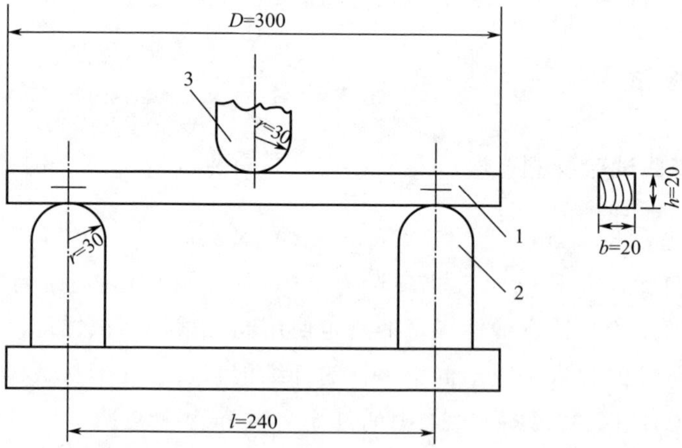

图 2-10 三点弯曲测试示意图（单位：mm）

（GB/T 1927.11—2022）

1—试样；2—支座；3—压头；D—试样纵向尺寸；b—试样径向尺寸；h—试样弦向尺寸；l—测试跨距；r—支座、压头的端部曲率半径

2.3　测试条件与效果

2.3.1　拉伸试验测试条件

参照 GB/T 1927.14—2022、GB/T 1927.15—2022 测试顺纹和横纹抗拉强度参数。在顺纹抗拉试样有效部分中央，测量厚度和宽度，精确至 0.1mm。将试样两端夹紧在试验机的钳口中，使试样宽面与钳口相接触，两端靠近弧形部分露出不小于 25mm，竖直地安装在试验机（图 2-3）上。试验以均匀速度加荷，在 0.5～5.0min 内使试样破坏，破坏荷载精确至 100N。如拉断处不在试样有效部分，试验结果应舍弃。试验完成后，立即在有效部分选取一段测定试样含水率。横纹抗拉试样在试样有效部分中部，测量宽度和厚度，精确至 0.1mm。将试样竖直地放在试验机夹持装置内，用螺旋夹夹紧部分的窄面。试验以均匀速度加荷，在 0.5～5.0min 内使试样破坏。破坏荷载精确至 10N。如拉断处不在试样有效部分，试验结果应舍弃。试验完成后，立即在有效部分截取一段，测定试样含水率和密度。

2.3.2　压缩试验测试条件

2.3.2.1　顺纹抗压

顺纹抗压强度：在试样长度方向中央位置，测量宽度及厚度；称其质量，参照 GB/T 1927.5 测定气干密度。将试样放在试验机球面活动支座的中心位置，以均匀速度加荷，在 1.0～5.0min 内使试样破坏，即试验机显示的荷载明显减少，记录破坏荷载。试样破坏后，对整个试样参照 GB/T 1927.4 测定试样含水率。

顺纹抗压弹性模量：在试样长度中央，测量宽度及厚度，精确至 0.01mm。测量试样变形的标距应分别距离试样上下端压缩头 10mm 以上，应变片或引伸计标距宜在 10～40mm 范围内。将试样放在至少一端具有球面滑动压盘（或支座）的试验机上，沿试样顺纹方向以均匀速度加荷。加载的下、上限荷载为 1000～4000N。先以恒定加载速率 0.50mm/min 加载至下限荷载，加速度变动范围为±25%，立即读出引伸计指示的变形值，读至最小刻度，并填写在记录表中。试验后，立即从测定顺纹抗压弹性模量的试样中部截取约 20mm

长的木块 1 个，测定试样含水率。试材充裕时按规定制取次段试样测定密度和年轮宽度，试材不足时可用截取的测定含水率的试样测定密度和年轮宽度。

2.3.2.2 横纹抗压

横纹抗压强度：测量试样的长度、宽度和高度，精确至 0.1mm。以均匀速度持续加荷，在 1～2min 内达到比例极限荷载。当使用没有精确记录变形装置的试验机时，应使用变形测量装置（图 2-8），测定试样在相等的荷载增加间隔内的压缩变形量（精确到 0.01mm）。荷载间隔应至少小于比例极限荷载的 1/10（低密度木材的荷载间隔为 200N，高密度木材的荷载间隔为 400N）。持续加荷，直到荷载方向试样的整个变形超过试样高度（h）的 5%。试验后，应参照 GB/T 1927.4—2021 测定试样含水率。对于长度为 30mm 的试样，采用整个试样作为含水率测试用试样；对于长度为 75mm 的试样，在中部截取 10mm 长的木块作为含水率测试用试样。

横纹抗压弹性模量：测量调整含水率后的试样宽度、厚度以及高度，精确至 0.1mm。根据测量试样的尺寸计算试样体积，测定试样质量精确至 0.001g。如图 2-6 所示，离开试样高度方向（h）两端距离 10mm 以上。在正式试验之前，选取 3～5 个试样进行荷载与变形的观察试验，从荷载-变形图确定比例极限，下限、上限荷载分别为比例极限的 10% 和 40%。加载头移动速度以 0.20mm/min 为宜，加载速度允许变化范围为 ±25%，设置加载程序先加荷至下限荷载，然后加荷至上限荷载，并记录相应的变形，以同样速度卸载到稍低于下限荷载处，完成一个加载卸载循环。试验后，立即从试样中部截取约 20mm 长的木块 1 个，参照 GB/T 1927.4 测定试样含水率。

2.3.3 弯曲试验测试条件

抗弯弹性模量采用弦向加荷试验，在试样长度中央测量径向（R）尺寸作为宽度 b，弦向（T）尺寸作为高度 h，精确至 0.1mm。采用四点弯曲加荷（图 2-9），将试样放在试验装置的两支座上，试验装置的压头垂直于试样的径面，以均匀速度加荷，加荷速度设定为 1～3mm/min。采用 U 形位移测量装置测试跨中处试样中性平面相对于两支座处试样中性平面的竖向变形，试验机以均匀速度先加荷至下限荷载，然后加荷至上限荷载，随即卸载。如此反复 3 次，每次卸载应稍低于下限，然后再加荷至上限荷载。记录每次下限荷载和上限荷载对应的竖向变形值，精确至0.01mm。竖向变形的下限荷载、上限荷载一般分别取300N、700N；对于低密度木材，下限荷载、上限荷载可分别取200N、400N。为保证加荷范围不超过试样的比例极限应力，试验前，可在每批试样中，选2～3个试样进行观察试验，绘制荷载-变形图，在其直线范围内确定下限荷载、上限荷载。根据后两次测得的试样竖向变形值，分别计算出上限荷载、下限荷载的变形平均值之差，即为上限荷载和下限荷载间的变形值。

抗弯弹性模量测定后进行抗弯强度试验，抗弯强度采用弦向加荷试验，在试样长度中央测量径向（R）尺寸作为宽度b，弦向（T）尺寸作为高度h，精确至0.1mm。采用三点弯曲中央加荷（图2-10），将试样放在试验装置的两支座上，试验装置的压头垂直于试样的径面以均匀速度加荷，在1～2min内(或将加荷速度设定为5～10mm/min）使试样破坏。将试样破坏时的荷载作为最大荷载进行记录，精确至10N。试验后，立即在试样靠近破坏处，截取约20mm长的木块一个，按GB/T 1927.4要求测定试样含水率。

2.3.4 结果与分析

木材在顺纹拉伸载荷下的断裂机制表明应力集中和初始裂纹往往发生在早材的交叉场区域（王东，2020）。此外，早晚材之间顺纹拉伸应变以及横向收缩应变差异导致在生长轮边界产生剪切应力，使裂纹易沿生长轮边界，特别是在早材部分的一侧，平行于纹理方向纵向扩展。此外，微纤丝的排列对木材的变形和破坏具有显著影响。微纤丝角较小的木材断裂区域平滑，而微纤丝角较大的木材断裂区域则会出现严重的撕裂和变形（Reiterer et al.，2001）。

木材在不同方向的压缩载荷下响应不同。在径向压缩弹性阶段，木材未表现出明显变形。在线弹性阶段和非弹性阶段之间的过渡区，部分导管细胞壁发生初步弯曲，且穿过导管的射线出现波浪形变形。在平台阶段，部分区域木纤维细胞壁出现变形甚至塌陷。弦向压缩下，在线弹性阶段和非弹性阶段之间的过渡区，弦向导管壁发生屈曲，但射线保持平直。在平台阶段，部分径向导管壁发生弯曲。在平台阶段和致密化阶段的过渡区，纤维细胞壁出现变形，部分木纤维细胞壁出现塌陷（Wu et al.，2023）。压缩率对顺纹抗压强度有显著影响，一定程度地提升压缩率可以达到固定变形和改善力学性能的效果，但压缩率过大会使木材细胞壁产生裂隙，从而降低木材的力学性能，并且提升压缩率会加剧木材材积损失，导致生产成本上升，因此压缩率也不宜过高（李馨然等，2023)。此外，抗压强度与试样尺寸之间存在显著的相关性，即随着试样尺寸的增加，抗压强度降低（Zhao et al.，2024)。

在弯曲载荷作用下，木材的一侧受到压缩而另一侧受到拉伸。通过对早材和晚材在受拉一侧的断面观察发现，早材的断裂倾向于沿壁层内剥离，而晚材则表现为细胞壁的横断（任海青，江泽慧，2001)。另外，含水率对木材的抗弯性能具有显著的影响。例如，在温度及水分状态对美国红松弯曲弹性模量的影响的研究表明：当含水率低于纤维饱和点时，木材弹性模量随着含水率的增加而迅速减小；当高于纤维饱和点时，0～40℃温度范围内的木材弹性模量随着含水率的增加降低缓慢，而－40～0℃的温度范围内，木材弹性模量随含水率的变化不明显（高珊等，2014)。

2.4 应用领域及研究进展

静态弯曲是一种无损检测的方法。木材本身的变异性会严重影响木材的力学性质，从而给加工带来不确定性。对木材进行无损检测，探究其结果与力学性能的关系，可以了解木材的力学性能，进行强度分级，提高木材资源利用率，保障木材应用的安全性。静态弯曲技术同时可以检测混凝土结构性能。混凝土简支梁静载弯曲抗裂试验是混凝土结构性能试验的主要内容，是检验梁体性能的关键项点和综合指标的重要手段。目的是通过静载试验客观地评价梁体的技术水平和生产水平（宋国荣等，2007)。

静态弯曲技术是所有动态研究数据的基础依据。随着材料科学的迅猛发展，各种新型材料不断涌现，许多材料表现出超常的力学性能，因此，材料的力学性能测试是材料科学中的一个重要组成部分。弹性常数是表征材料弹性的量，亦是工程材料重要的性能参数。由于材料的物理力学特性对其后续加工及成品的强度、刚度及稳定性具有重要的参考意义，因此在解决工程设计等问题时，首先要知道反映材料力学性能的参数，而这些参数可以采用材料物理力学试验的方法来测定。测试材料弹性常数的方法主要是动态测试法与静态测试法。动态测试法因具有无损测试等特点，成为当今众多学者研究的重点。但是，静态测试法是所有动态研究数据的基础依据，其测定结果更是国家标准或企业公认的可靠、稳定的结果（王韵露等，2017)。

在木材科学领域，静态弯曲技术的最新研究成果涉及多个方面，包括热处理、非对称纤维表面增强、高能微波处理等对木材静态弯曲性能的影响。例如，在热处理技术方面，有学者研究了加热温度和持续时间对云杉木静态弯曲强度的影响，结果表明在相对较低的温度下加热会影响弯曲过程中云杉木材的强度（Fataraitė-Urbonienė et al.，2019）；在非对称纤维表面增强技术方面，有学者探讨了非对称增强对木材静弯性能的影响机理，对 SPF 木材（指由产自加拿大北部的云杉、松木、冷杉三种树种构成的软木材组合）和 7 种不同类型的非对称纤维表面增强木材（AFRWC）的静弯性能进行了测试和分析，结果表明不对称加固改变了木材静态弯曲时的截面应变分布和损伤类型，竹材料与两层碳纤维增强基复合材料（CFRP）分别在受压区和受拉区粘接的非对称加固方法可以大大提高木材的静态弯曲性能（Guo et al.，2023）；在高能微波处理技术方面，有学者探究了高能微波处理对木材抗弯弹性模量、抗弯强度和弯曲塑性功的影响，结果表明适当的高能微波处理可在仅小幅改变木材抗弯弹性模量、抗弯强度的前提下，显著提高木材弯曲塑性功，将为高能微波处理材的应用提供新思路（邢雪峰等，2022）。这些研究成果展示了静态弯曲技术在评估和提高木材性能方面的应用，以及不同处理方法对木材性能的潜在影响。

2.5　本章小结

本章详细描述了静态弯曲技术中拉伸试验、压缩试验和弯曲试验的基本原理、适用对象和测量方法等。通过这些试验评估木材的力学性能，如抗拉强度、抗压强度和抗弯强度，并探讨了不同因素如含水率对木材性能的影响。最后，讨论了静态弯曲技术在木材科学领域的应用现状及研究进展，强调了其在材料力学性能测试中的重要性。

第3章

横向振动及纵向应力波技术

3.1 横向振动技术简介

横向振动无损检测技术是评估木材力学性能的一种有效手段，尤其适用于测量木材的弹性模量和检测内部缺陷。这种技术通过激发木材试件产生横向振动并测量其振动特性，从而间接地获取木材的物理和力学属性。由于其非破坏性和高效率的特点，横向振动无损检测已成为木材品质评估的重要组成部分。

3.1.1 基本概念与检测理论

振动法是指在木材的一端进行敲击，通过测量敲击产生的振动频率，经过数据的分析即基于木材的振动频率与弹性模量之间的数学关系，对木材的材质、质量等性质进行检测的一种方法。振动法是一种历史悠久的物理检测技术，最初主要应用于物理研究领域。随着木材检测技术的进步和对木材质量要求的提升，美国学者通过实验验证了振动法用于检测的有效性，逐步将振动法应用于检测技术当中。振动检测法可以用来了解木材的动态特性，包括木材的固有频率、振型、阻尼等特性和参数。随着我国木材市场需求的不断增长，振动法也被逐渐引入国内，并应用于木材检测工作中（王晓明，2017）。

在木材无损检测的研究中，动态特性是实现高效检测的重要基础，它指木材对输入信号（如瞬态激励）的响应特征。在动态特性研究中，通常使用瞬态激励信号，通过傅里叶分析获取复数幅值谱，从而有效分析其力学性能。横向振动法是一种通过使用横向激励信号，利用动态特性来预测木材力学性能的无损检测方法（司慧，2008）。使用横向激励信号即施加横向激励是指对木材进行敲击，其敲击方向与木板长度方向（木纹长度方向）相垂直，同时拾取振动响应的传感器应安装在木板的厚度方向上。

在应用过程中，横向振动检测技术可以有效地测得木材的振动频率并通过分析横波在木材中的传播特性，精确测量木材的弹性模量和动态特性。这项技术为木材的弹性模量等力学性能的评估提供了有效的补充，进一步拓展了木材无损检测技术的应用范围。

横向振动无损检测技术的基础在于木材试件的振动频率与其弹性模量之间的关系。当木材试件受到横向激励时，会围绕其中心轴线产生振动。振动频率取决于试件的质量、长度，以及木材的弹性模量。根据经典振动理论，试件的基频振动频率 f 可以通过式（3-1）估算。

$$f=\frac{1}{2\pi}\sqrt{\frac{k}{m}} \tag{3-1}$$

式中　f——基频振动频率，Hz；

k——系统的刚度系数；

m——试件的有效质量，kg。

在试件为木材的情况下，刚度系数 k 与木材的弹性模量 E 之间的关系取决于试件的具体几何形状和边界条件，不同木材试件对应不同的 k、E 关系式。因此，通过测量木材试件的振动频率，可以反推得到木材的弹性模量。

3.1.2　测量方法与适用对象

振动法检测技术在人造板、锯材以及集成材制品的力学性能检测中得到了广泛的应用。该技术通过整合传感器技术、电子学原理以及信号分析理论，并结合电子计算机技术，形成了一套适合自身发展的理论与检验方法。这些方法不仅提高了检测的精确度和效率，而且为木材检测领域提供了更为科学和系统化的评估手段（李长海，2014）。

横向振动检测是指在垂直于木板材长度方向（木纹长度方向）激振并拾振的检测方法。在横向振动检测模式下，木材弹性模量与其固有频率、尺寸、密度等参数间的关系如式（3-2）所示：

$$E_{\mathrm{H}}=4\pi^2\frac{\rho AL^4 f_n^2}{I_{\mathrm{GZ}}P_n} \tag{3-2}$$

式中　E_{H}——横向振动检测模式下的弹性模量，GPa；

ρ——木材密度，kg/m^3；

L——试材总长度，m；

A——试材截面积，m^2；

f_n——试材固有频率，Hz；

I_{GZ}——试材惯性矩，m^4；

P_n——伯努利（Bernoulli）参数；

n——试材固有频率的阶数，$n=1$，2，3……

在确定试验木材种类及试样规格后，其中一些参数如ρ、L、A、I_{GZ}便成为已知量。通过振动测试试验后可以测得f_n和n，P_n根据n计算得到，从而通过式（3-2）计算出被测对象的弹性模量。

横向振动测试装置如图3-1所示。实验装置由脉冲锤、加速度计、电荷放大器、数据采集模块、计算机等组成。在横向振动测试中，脉冲锤对木板实施垂直于其长度方向的激振，其头部带有一个压电晶体型力传感器；加速度计布置于木板的厚度方向用来拾取试材被脉冲锤激振后的振动响应。加速度计和脉冲锤产生的电荷信号通过电荷放大器放大后进入SCXI-1200型数据采集模块。采集到的数字信号由计算机进行频域分析，从而得到试材的固有频率值。此外，为便于比较各状态下的振动响应程度，试验中所有激振点的脉冲锤激振方式和激振力均保持一致（张厚江等，2005）。

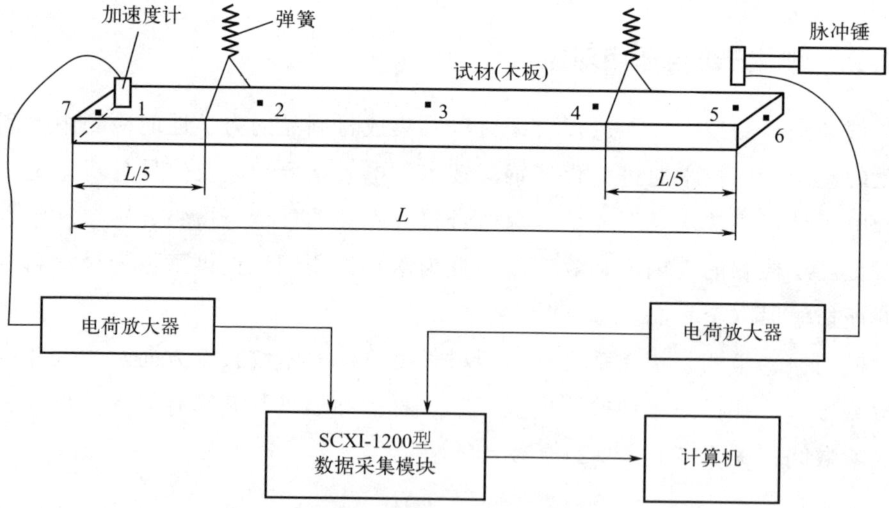

图3-1 横向振动测试装置简图

1～5—横向振动测试方式的激振点和拾振点；6，7—纵向振动测试方式的激振点和拾振点；

L—试材总长度（单位：m）

3.1.3 测试条件与检测效果

横向振动无损检测技术的关键在于木材的振动频率和弹性模量之间的关系。一般来讲，测试物体的固有频率可以有效、直观地反映物体的弹性特性。在物体的固有频率测试中，需要重点考虑激振频率，只有激振频率等于或接近物体的固有频率时，物体的振动响应才表现出共振现象。所以在横向振动测试过程中我们应注意脉冲锤激振频率范围的选择，使其可以将木材的固有频率值通过最少的试验次数测试出来。

通过把振动法应用到木材检验的实验，得到了以下结论：横向振动方式能够有效地测定木材的固有频率，且具有较好的测量效果。在进行测量时，激振点与拾振点之间的距离需要合理确定，应将两者设置在木材的两端附近，并确保两者的间距尽量远。为验证振动方式测得的弹性模量，采用静态测试方式测量木材弹性模量，发现横向振动方式测得的木材弹性模量值略高于静态方式的测量结果。此外，在横向振动方式下，利用加速度计获取的振动响应信号的功率谱显示出明显的共振频率带（张厚江等，2005）。

3.1.4 应用领域与研究进展

几十年来，振动法在木材无损检测方面的使用一直保持增长态势。振动方法最早在木材无损检测中使用的是弯曲振动、低频的自由或受迫振动，一般使用欧拉弯曲梁理论，测试目的是求出木材或结构的刚度、弹性模量、衰减能量。木材无损检测的国际性研究组织是由美国华盛顿州立大学和农业农村部林产品实验室发起的。研究对象涉及树木、原木、成材、单板、复合材料、木结构等，使用技术包括力学、声学、电磁学以及 X 射线、γ 射线等。目前林产品实验室无损检测的基本研究领域包括机械应力分等、超声单板分等、横向振动、纵向应力波技术、声学断层成像等（司慧，2008）。

自 20 世纪 50 年代起，国外木材科学工作者开始对木质材料的振动性能和力学性质的关系进行研究。比较典型的成果是 Pellerin 和 Logan 根据材料振动时对数衰减和动态弹性模量的比值关系研究设计了木材横向振动弹性模量计算机（transverse viberation E-computer），简称 E-计算机（1977 年取得美国专利）（杨洋，申世杰，2010）。

1986 年，Sobue 等发展了一种基于纵向振动的无损检测方法，通过冲击木材试样激发其产生振动形成声波，通过快速傅里叶变换（FFT）分析后确定木材试样的共振频率从而推算木材动态弹性模量。2005 年，美国明尼苏达大学自然资源研究院的王喜平教授等利用振动方法评估了单跨木桥的刚度，研究表明受迫振动方法可以作为一种快速有效的手段来评估木桥上部结构的刚度（Wang et al.，2005）。2006 年，Green 等（2006）运用振动法建立了振动与弹性模量、抗弯强度、硬度的相关关系，探讨了采用振动法对针叶树材原木分等的机制。Zhou 等（2015）基于正交异性板横向振动理论的模态测试显示了测量产品弹性系数的巨大潜力。Zhang 等（2021a）采用非接触式横向振动和超声波检测对正交胶合木进行无损评估，结果显示非接触式横向振动方法和超声波测试被显示为一种有效的非破坏性评估方法。Acuña 等（2023）通过悬臂梁横向振动及超声技术检测数据后通过建立回归模型来预测其他树种的弹性模量。

我国在 20 世纪 80 年代末和 90 年代初开始引进和应用振动技术对木材进行分等。虽然我国对振动法研究起步较晚，但近年来研究成果较为丰富。张厚江等（2009）采用横向振动法测量结构用木材弹性模量并成功组建一套悬挂式测试实验系统，实验证明振动法有很高的准确性和可靠性。李敏敏等（2018）采用横向振动法对规格材的顺纹弹性模量进行动态测试及应力分等研究，以使规格材力学性能满足制造足尺正交胶合木楼板和墙板的需要。庄怡玲等（2025）从弹性动力学的角度出发，建立了有中间部位裂纹木梁的横向振动模型，推导出裂纹深度与弯曲梁振动的固有频率公式，并加以实验验证。蒋陈侃等（2025）针对木材弹性模量动态检测的实际需求，在现有自由梁横向振动法的基础上，提出了基于锆钛酸铅压电陶瓷阻抗响应分析的弹性模量检测新方法。

3.2 纵向应力波技术简介

纵向应力波无损检测技术也是一种用于评估木材力学性能的有效手段，特别是在检测木材内部缺陷方面表现出色。该技术通过在木材中激发纵向应力波，并分析波的传播特性来间接获取木材的物理和力学属性。由于其非破坏性和高效性，纵向应力波检测已成为木材品质评估的重要工具之一。

3.2.1 基本概念与检测理论

应力波检测技术是木材无损检测领域内广泛应用的一种方法。它不仅可以评估木材的物理和力学特性，还能够有效检测活立木、原木以及木结构中的内部缺陷，如腐朽等问题。相比于其他无损检测技术，应力波检测技术具备传播距离远、抗干扰能力强、不需耦合剂、设备轻巧便于携带等优势，因此近年来备受青睐，并在木材工业领域获得了较多研究成果及广泛应用（孙丽萍等，2020）。

纵向应力波技术的基础在于木材试件的应力波传播速度与其弹性模量之间的关系。当木材试件受到冲击时，会在木材内部产生纵波。这种纵波的传播速度 v 取决于木材的密度和弹性模量。根据经典的波动方程，木材试件中的纵波速度与弹性模量及密度的关系如式（3-3）所示：

$$v=\sqrt{\frac{E}{\rho}} \tag{3-3}$$

式中 v——传播速度，m/s；

E——弹性模量，GPa；

ρ——密度，kg/m^3。

通过测量应力波在木材中的传播时间 t，结合试件的长度 L，可以计算出应力波的速度 v，结合上式即可推导出木材的弹性模量。

3.2.2 测量方法与适用对象

应力波无损检测技术依据的核心机制是根据木材被撞击后产生的冲击应力波，测量应力波在木材内部的传播速率，并据此对木材样本的物理特性及结构完整性进行分析。同时，还可以根据应力波在木材不同强度部位传播速度的差异，实现对木材内部和外部缺陷的检测。当应力波在木材内部传播时，应力波遇到腐朽、裂纹、孔洞等缺陷区域时的速度与穿过完好部位时的速度不同（Wei et al.，2022）。

在进行纵向应力波无损检测时，首先需选取符合标准尺寸要求的具有代表性的木材试样，利用锤击或专用激励设备激发试样产生应力波，通过高速传感器如加速度计捕捉并记录应力波信号。接着，通过对捕捉到的应力波信号进行时间延迟分析，确定应力波在木材中的传播速度。最后，基于测定的应力波速度，计算木材的弹性模量，并进一步分析其力学性能。木材横切面应力波无损检测装置如图3-2所示。

目前我国应用较多的应力波无损检测设备大多来自国外公司，其主要品牌有匈牙利 FAKOPP 公司生产的 FAKOPP 系列和德国 RINNTECH 公司生产

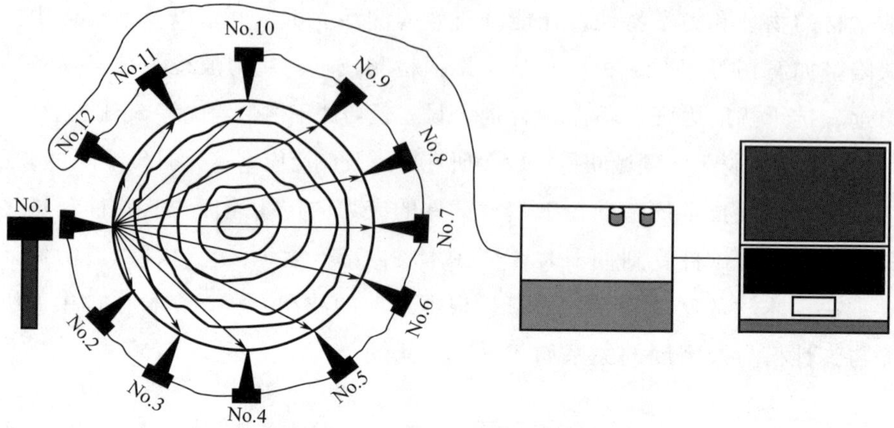

图 3-2 木材横切面应力波无损检测装置简图

(Wei et al.，2022)

的 ARBOTOM 系列。FAKOPP 3D 树木成像评价系统是基于应力波传递路径和成像算法的应力波木材检测技术，主要用于检测活立木，图 3-3 所示为 FAKOPP 微秒计，用于测量木材中应力波传播时间，通过测量两个传感器之间的距离可以计算出应力波传播速度；ARBOTOM 的主要功能是评估树木或木材内部健康状况，可对内部缺陷精确定位，检测结果直观明确，可判断树木茎干的质量、稳定性和可利用性，图 3-4 所示为用于无损材料检测的 ARBOTOM® 声波脉冲造影仪，可用于检测、定位和评估腐朽、裂缝和其他隐形缺陷造成的损坏。

图 3-3 FAKOPP 微秒计

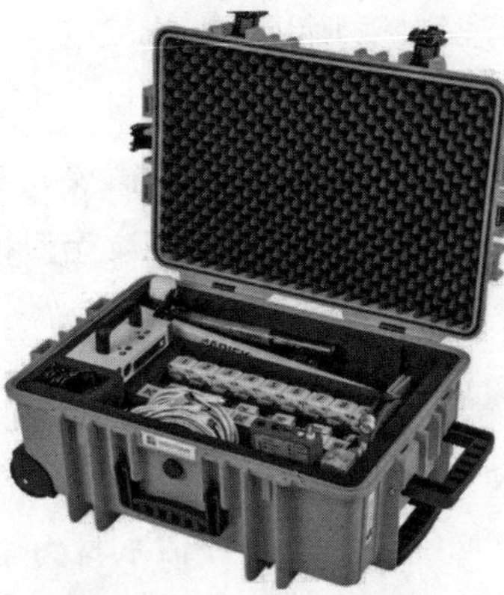

图 3-4　ARBOTOM® 声波脉冲造影仪

应力波无损检测技术具有显著的技术优势：它是一种非破坏性检测方法，不会对木材造成任何损害，使得试样可以被重复使用；与传统的破坏性测试相比，纵向应力波检测速度快，操作简便；同时，它能够提供关于木材内部结构的精确信息，有助于对木材样本的力学性能和潜在缺陷进行科学评估。因此，应力波无损检测技术适用于活立木、原木和锯材、木结构建筑等，可以在森林资源管理、木材加工前质量控制、检查建筑结构安全等方面发挥作用。

3.2.3　测试条件与检测效果

3.2.3.1　测试条件

应力波无损检测技术在应用中存在一些限制条件：

首先，试样的尺寸和形状必须符合特定标准，应严格依照相关标准进行制备，以保证尺寸的一致性和代表性从而确保应力波模式的一致性和可比性；环境因素如温度和湿度的波动可能会对木材的应力波传播特性造成影响，因此需要对测试结果进行相应的校正，如试样的含水率需达到平衡状态，以确保测试结果的一致性和可比性；试样表面应保持清洁光滑，以避免表面缺陷对测试结果造成影响。

其次，在测试设备的选择上，需要使用锤击或脉冲激励器作为激励源来激发试样产生纵向应力波，同时使用高速加速度计或其他类型的传感器来捕捉应力波信号，并配备高精度的数据采集卡和相应的软件来记录信号，以及信号处理软件来分析信号的时间序列和频谱特性；测试程序应规范，包括选择合适的激励点和接收点，以及进行多次激励以提高测试精度。

最后，对于结构复杂的木材，例如层压木材，应力波的传播路径可能更为复杂，这增加了数据分析的难度。这些因素都需要在实施应力波检测时予以考虑和妥善处理。这些条件共同确保了纵向应力波无损检测的有效性和准确性。

3.2.3.2 检测效果

通过分析应力波在木材中的传播速度，并结合试样的尺寸和密度，可以准确计算出木材的弹性模量（MOE），这是评估木材力学性能的关键指标。内部的裂缝、腐朽或其他不均匀性会导致应力波的传播速度发生改变，如应力波传播速度会降低或信号异常，从而反映出木材内部存在缺陷。通过在木材全长多点进行测试，可以全面评估木材的整体完整性和一致性，这对于确定木材是否适合特定用途至关重要。此外，纵向应力波测试快速高效，成本效益高，适合大规模生产和现场测试，且无须破坏试样即可获得关键的力学性能信息。该技术适用范围广泛，不仅适用于各种类型的木材和木制品，如锯材、胶合层积材、单板、层压木材等，还可用于新加工的木材以及在役木结构的检测。

3.2.4 应用领域与研究进展

纵向应力波技术因其高效、非破坏性的特点，在木材品质评估和结构完整性检测中发挥着重要作用。该技术应用领域广泛，包括木材品质评估、内部缺陷检测、木结构完整性评价、工程设计与施工，以及森林资源管理等方面。通过测量应力波的传播速度，可以评估木材的弹性模量和抗弯强度；利用应力波的传播特性，可以检测木材内部的裂缝、腐朽或其他缺陷；通过对木结构不同部位的应力波测试，可以评估其整体完整性和承载能力；在工程设计和施工过程中，可以用于材料选择、结构布局以及施工质量的实时监控；在森林资源管理中，可以评估生长中的树木的物理性质和力学性能，为合理的采伐计划和森林资源管理策略提供支持。

1950 年开始，国际上就开始研究利用应力波技术评价木材性质。20 世纪 60 年代，国内外林业科研者开始探索如何将应力波无损检测技术应用到木材领域。国外学者利用应力波无损检测技术对木材内部的腐朽和材质也有很多研究，如利用应力波计时器计算木材试件的弹性模量，通过测试应力波传播时间的变化判断木材内部缺陷，测试应力波传播特征和活立木弹性模量之间的关系等（冯海林等，2010）。Doan van Duong 等（2021）用应力波方法估算十年生苦楝树净材的力学性能。S. Bandara（2021）使用应力波传播和人工神经网络技术对木材电线杆进行结构健康评估。

国内首次报道采用应力波方法是 1995 年王志同等利用应力波无损检测技术检测中密度纤维板的弹性模量（杨洋，申世杰，2010）。高珊（2008）选择哈尔滨林业示范基地 10 个东北地区常见树种，进行应力波在活立木冻结与常温状态下的传播速度的比较研究，结果表明冻结状态下的应力波传播速度普遍高于常温状态。冯海林等（2010）通过分析直角坐标系下应力波的传播方程，建立并验证了应力波传播的数学模型。徐华东等（2014）采用应力波方法，测试横截面内应力波传播时间，并分析温度和空洞缺陷对应力波传播时间等值线的影响。刘立伟（2017）利用小波变换对应力波检测信号进行处理，提取缺陷能量特征，设计网络结构，建立诊断木材缺陷检测的模型。魏喜雯（2021）通过分析含水量对应力波在落叶松原木空间内传播速度的影响，进一步优化应力波在原木空间内传播速度回归模型，并对传统空间插值算法进行改进，提出新的应力波三维反演成像技术。朴晓晨等（2024）提出了一种基于压缩感知和椭圆插值的应力波混合成像方法，利用压缩感知在稀疏信号表示和应力波求解方面的优势重建缺陷区域的空间结构，并利用椭圆空间插值方法重建健康区域。

3.3　本章小结

横向振动和纵向应力波技术是两种有效的木材无损检测方法，它们通过激发木材试件产生振动或应力波，并分析其传播特性来评估木材的物理和力学属性。横向振动技术通过测量木材试件的振动频率来反推弹性模量，适用于人造板、锯材等多种木材制品。纵向应力波技术则基于应力波在木材中的传播速度与弹性模量的关系，通过测量传播时间来推算弹性模量，特别适用于检测木材内部缺陷。

这两种技术都具有非破坏性、高效性的特点，使得它们成为木材品质评估的重要工具。随着技术的发展，这些无损检测方法的研究和应用不断深入。近年来，国内外学者在这一领域的研究成果丰富，包括利用横向振动技术推测裂纹深度与弯曲梁振动的频率公式，利用应力波技术对木材进行结构健康评估、优化应力波传播速度回归模型，以及发展新的应力波成像技术等。这些研究不仅提高了木材检测的准确性和效率，也为木材加工和利用提供了科学依据。

第4章

声发射与声-超声技术

4.1 声发射技术简介

声发射（AE）是指材料局部因能量快速释放而产生的瞬态弹性波现象。声发射是一种常见的物理现象，大多数材料变形和断裂时会产生声发射，如果释放的应变即材料受外力作用下形变程度足够大，就会产生可以听见的声音。大多数金属材料塑性变形和断裂时也有声发射发生，如在耳边弯曲锡片，就可以听见噼啪声，这就是由于锡受力产生孪晶变形的发声。

但很多材料的声发射信号强度很弱，人耳不能直接听见，需要借助灵敏的电子仪器才能检测出来。用仪器探测、记录、分析声发射信号和利用声发射信号推断声发射源的技术称为声发射技术。声发射技术是一种新型的动态无损检测技术，涉及声发射源、波的传播、声电转换、信号处理、数据显示与记录、解释与评定等基本概念。

声发射检测方法是多样的，它需要在一定条件下才能够进行检测。它必须有外部条件的作用，例如力、电磁、温度等因素的作用，使材料和构件发声；另一方面，由于这些因素的作用，使材料内部结构发生变化，如晶体结构的变化、滑移变化、裂纹扩展等，发声是在材料内部结构变化过程中产生的，因为有了内部结构变化，引起能量释放，所以才能发声。因此，声发射检测是一种动态无损检测方法，是在构件或材料的内部结构、缺陷或潜在缺陷处于运动变化的过程时，实时捕捉因能量释放产生的弹性波信号。裂纹等缺陷在检测过程中动态变化，因为如果裂纹等缺陷处于静止状态，说明没有变化和扩展，没有声发射发声，也就不能实现声发射检测。这一特点使声发射检测区别于超声、X射线、涡流等其他无损检测方法。

4.1.1 基本概念与检测理论

4.1.1.1 声发射事件与声发射源

材料局部变化引发的声发射现象称为声发射事件，而声发射源是指声发射事件的物理源点或发生声发射波的机制源。

材料在应力作用下的变形与裂纹扩展是结构失效的重要机制。这种直接与变形和断裂机制有关的源，通常称为传统意义上或典型的声发射源。近年来，流体泄漏、摩擦、撞击、燃烧等与变形和断裂机制无直接关系的另一类弹性波源，也被划进声发射源范畴，称为其他声发射源或二次声发射源。

4.1.1.2 声发射技术的基本原理

通过对材料进行加载即对其施加外部力的过程，使试件产生应力和应变，进而可能引发材料内部的微观结构变化，并发出弹性波，经过介质传播到被检体表面，引起表面的机械振动。经声发射传感器将表面的瞬态位移转换成电信号，电信号再经放大、处理后，形成其特性参数，并被记录与显示。最后经数据的解释，评定出声发射源的特性。其基本原理如图 4-1。

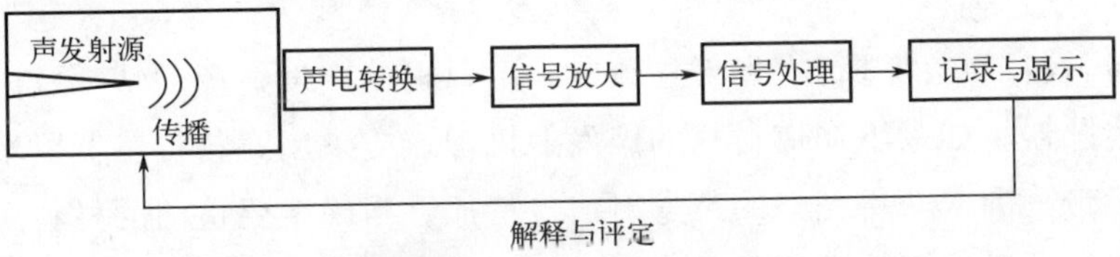

图 4-1 声发射技术基本原理

4.1.2 测量方法与适用对象

声发射检测系统一般由声发射传感器、前置放大器、信号电缆和声发射采集卡组成。

4.1.2.1 声发射传感器

常用声发射传感器的工作原理是基于晶体元件的压电效应（即某些晶体受力产生变形时，其表面出现电荷，又在电场的作用下，晶片发生弹性形变）将声发射波所引起的被检件表面振动转换为电压信号，送入信号处理器，完成信号处理过程。

声发射传感器如图 4-2 所示，其主要分为谐振式和宽频带两种。谐振式传感器是目前常用的一类传感器，常用于金属材料或结构的检测，中心频率一般为 150kHz，作为一种窄带传感器，谐振式传感器对特定频段的信号敏感度高，因而具有很高的信噪比，如果知道材料声发射源特性，可以有针对地选取某一型号的谐振式传感器，将检测到的声发射信号采用上升时间、持续时间、计数、幅值、能量等传统参数加以简化。而宽频带传感器则适用于未知材料属性及损伤机理的情况下的检测，其特点是可以检测到更宽频带的声发射信号，使采集到的信号信息更全面，当然也包含了更多的噪声信号。

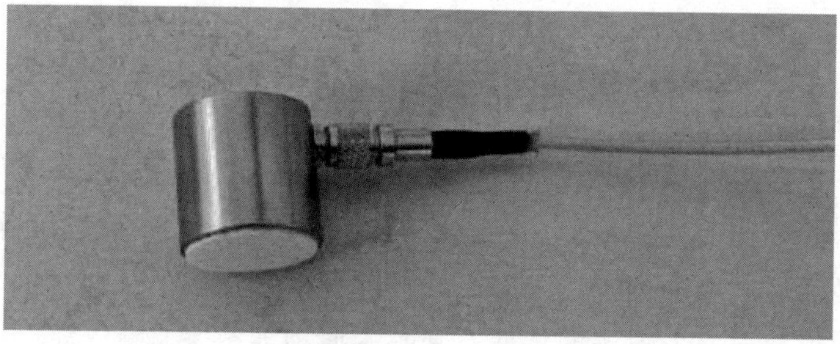

图 4-2 声发射传感器

在对材料或试件进行声发射检测时，可以根据声发射源的特征及实验的目的选择传感器。如果不知道材料的声发射机理，应采用宽频传感器以增加采集信号的频带范围，获得完整的声发射信号特征。当确定要检测的材料属性或缺陷类型时，可以选用特定型号的窄带谐振式传感器，将无关的信号频带抑制，从而提高对缺陷信号频率的灵敏度。例如钢材焊接结构开裂的声发射信号频率一般在 90～300kHz，所以采用中心频率 150kHz 的谐振式传感器，可以提高对钢制压力容器焊缝开裂的信号检测灵敏度。

4.1.2.2 前置放大器

前置放大器如图 4-3 所示，应置于传感器的附近，放大传感器的输出信号，并通过长电缆供主机处理。主要作用是为高阻抗传感器与低阻抗传输电缆提供匹配，以防信号衰减；通过放大微弱的输入信号，以改善与电缆噪声有关的信噪比；通过差动放大，降低由传感器及其电缆引进的共模电噪声；提供频率滤波器等。

图 4-3　前置放大器

4.1.2.3　信号电缆

声发射传感器与前置放大器是由一条非供电的电缆进行连接的，这条电缆一般较短，以防止信号衰减；当信号传递到前置放大器后，则经由一根供电电缆到达声发射仪器主机，这根电缆为前置放大器供电，比传感器和前置放大器之间的电缆要长得多，可以延长仪器与测量对象之间的距离。

信号电缆主要有同轴电缆、双绞线电缆和光导纤维电缆等。同轴电缆带宽高，噪声抑制特性好，适用于模拟声发射信号的精确传输；双绞线电缆用于传输声发射仪器中的数字信号；光导纤维电缆频带宽、电磁绝缘性好、信号衰减小、传输距离远，但需要搭配光电编码器和解调器，成本较高，主要应用于长距离的声发射检测。

4.1.2.4　声发射采集卡

在声发射检测系统中，信号采集卡是声发射检测仪器的核心部件，声发射采集卡的好坏是由采样精度和速度决定的。采集卡可以将前置放大器的输出进行 A/D 转换，并进行数字滤波处理，使声发射信号可以准确传输。

4.1.3　测试条件与检测效果

4.1.3.1　设备连接

声发射检测系统接线方式如图 4-4。

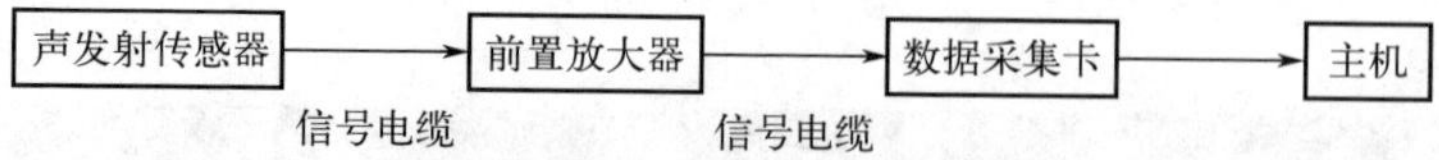

图 4-4 声发射检测系统接线图

在检测过程中需要将传感器固定在被检试样上，在传感器与被检试样表面之间加入耦合剂。若进行一维源定位，用单通道声发射系统即可，即用一个传感器通道和一个前置放大器，再接入数据采集卡，最后接入主机。若进行二维源定位，则需要用多通道声发射系统进行检测，即多个传感器通道，每个传感器需要接对应的前置放大器，再接入一个数据采集卡，最后接入主机。

4.1.3.2 加载

被检试样接入声发射检测系统中后，通过合理的加载使被检试样中的声发射源发出声发射信号，最后经过前置放大器和数据采集卡传输到主机。

(1) 加载准备

多数情况下，加载操作仅有一次机会，关系到声发射检测的成败，须做充分的准备，主要包括以下五个方面。

① 加载方式。尽量模拟试件的实际受力状态，包括内压、外压、热应力，以及拉、压、弯等载荷类型。

② 加载设备。包括试压泵、材料试验机，应尽量选择低噪声设备。

③ 加载程序。主要取决于产品的检测规范，但不同试验目的下声发射检测需求不同对程序的设定要求也需调整。常用的加载参数包括升压速率、分级载荷和最高载荷及恒载时间，有时需要增加重复加载程序以明确材料破坏的前兆、测量更准确的数据等等。

④ 加载控制。应确定声发射检测人员与加载人员之间的联络方法，以实时控制加载过程，减小外界因素对试验的干扰。

⑤ 加载前置确认。加载应确定记录载荷的方法，多用声发射仪记录载荷传感器的电压输出。

(2) 夹具选择和设计

为了获得理想的声发射试验数据，选择合适的加载装置如夹具是很重要的。为了探测拉伸、弯曲和压缩过程的声发射，对于连接试样与试验机的夹具种类及夹具夹于试样的方式需要仔细设计。

夹具的设计有两点必须着重考虑：其一在声发射检测的频率范围内，试样的夹持部位和夹具不应产生噪声；其二如果将疲劳试验机这类强噪声源作为试验机且噪声与声发射检测频率有重合，则应设计适当的夹具隔离噪声源，使来自试验机的噪声不致传到检测的试件上。

能够在声发射检测过程中较明显地降低外界噪声干扰的夹具种类如下：

① 隔离夹具。在采用伺服控制的液压试验机加载时，伺服阀的动作可能产生频率较高的噪声，足以淹没有用的声发射信号，在这种情况下，可在法兰之间加入相对软的衬垫材料以形成声隔离夹具，起到降低外界噪声的目的。

② 声反射夹具。夹具由铝和钢两种不同材料制成，采用螺纹连接方式，利用铝的声阻抗与钢的声阻抗的显著差异，当噪声传到铝-钢界面时大部分被反射回去而起到声隔离作用，而多个铝-钢界面夹具的使用可增强隔声效果。

③ 吸声块。有时可在试样表面粘贴与试样材料相同的吸声块来降低噪声，如在有机玻璃试样的两面声学耦合产生相互作用干扰下，可以采用有机玻璃吸声块，利用介质的截面突变而达到声衰减的目的。

(3) 载荷控制

① 加载速度。分为慢速加载与快速加载。慢速加载对声发射的检测周期起到较大延长作用。快速加载则会对试验数据产生负面影响，如产生较大机械噪声、导致高频度发射活动，这些会降低数据的精确度或造成数据缺失。此外，高速运转还可能引发试验安全等问题。因此在试验中多会选择较慢的匀速加载。

② 恒载条件。多数材料在恒载下显示出应变对应力的滞后现象。一些材料在恒载下可产生应力腐蚀或氢脆裂纹扩展。恒载周期又为避免加载噪声或鉴别外来噪声干扰提供了机会。近年来，恒载声发射时序的特性已成为材料承重检测的主要依据之一，必要时，可忽略长载声发射，而只记录恒载声发射。对于压力容器，分级恒载时间约设定 2 ～10min，而最高压力下约恒载 10～30min。

③ 重复加载。对一些新制容器，首次加载时常常伴随大量无结构意义的声发射，包括局部应力释放和机械摩擦噪声，为保证检测结果的准确性，需进行二次加载检测。另外，在役容器的定期检测，原理上也属于重复加载检测。

凯塞效应，指材料在发生声发射时会产生“记忆”——记住当前声发射的应力值，若下次施加的应力小于先前“记忆值”，则受应力材料不会产生声发射。而反凯塞效应，即费利西蒂效应指材料在未达“记忆值”前发生了明显的声发射现象，而此效应可用于判断检测材料在重复加载中的内部损伤情况。因此，对首次加载声发射过于强烈的构件、复合材料及在役构件，宜采用重复加载检测方法。

（4）模拟声发射源

在实验中，通常需要模拟声发射源。例如在某材料声发射信号传播特性的研究中，主要研究声发射信号在被检试样材料中的传播特性，因此被检试样中没有必要含有缺陷，也无须加载，从而降低实验的复杂性。下面介绍几种常见的声发射模拟源。

声发射模拟源分为噪声源、连续波源和脉冲波源三种类型。噪声源由氦气喷射、应力腐蚀和金镉合金相变等产生；连续波源可以由压电传感器、电磁超声传感器和磁致伸缩传感器等产生；脉冲波源可以由电火花、玻璃毛细管破裂、铅笔芯断裂、落球和激光脉冲等产生。

作为传感器标定的激励源，比较常用的有玻璃毛细管破裂方法、铅笔芯断裂法、电火花方法。

4.1.3.3 信号处理与分析

在声发射检测中，通过加载使声发射源产生声发射信号，在声发射信号通过被检试样后进行收集，最后对声发射信号进行降噪处理，通过分析降噪后的声发射信号可以对被检试样的缺陷定位、对声发射信号传播特性分析等。

在待测实验中由于检测材料的材质如薄木板与金属，材料的工艺、尺寸等以及声发射信号在其表面传输时的衰减、折射效应等，还有各类外界因素都会影响检测信号的收集，而这会导致现场检测出现一个问题——如何从检测到的信号中将真正有用的表征不同类型缺陷的声发射信号提取出来。

目前常用的声发射信号分析方法有参数分析法和波形分析法。

（1）参数分析法

声发射技术参数分析法是典型的声发射信号处理方法，诞生于 20 世纪 50 年代，目前仍被广泛应用于声发射检测中，其中较为典型的有突发型声发射信号，该声发射信号简化波形参数模型如图 4-5 所示。

从图形中可以看出，该简化声发射模型中的参数有振铃计数、能量、幅度、上升时间、持续时间等，这些参数都可以各自形成一种分析方法（许中林等，2014），如在声发射检测过程中，可以设定这些参数的门槛值，当某一模

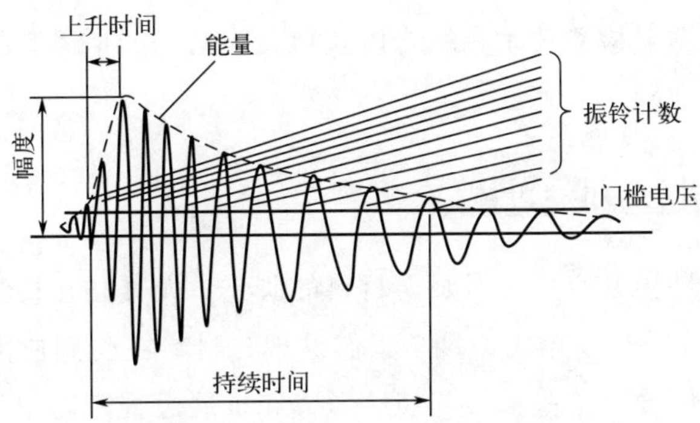

图 4-5　声发射信号简化波形参数示意图

型特征参数超过门槛值时，即判断该材料为已发生缺陷。参数分析法可以分为三类：计数分析法、能量分析法、幅度分析法。

计数分析法。计数分析法是处理声发射脉冲信号的一种常用方法。通常所用的计数方法是振铃计数，指声发射信号超过某一设定限阈值的次数，当波形信号超过门槛电压时则计数一次，计数分析法的缺陷是门槛电压需人为设置，检测结果易受人为因素影响。

能量分析法。能量分析法是指测量声发射信号的能量并对信号进行分析。声发射信号的能量表示为图 4-5 所示波形的面积，实际也是对波形信号求积分。能量分析法不需要建立声发射信号简化波形的模型也可直接测量声发射信号的能量，也不依赖于门槛电压，减少了人为因素的干扰。

幅度分析法。声发射源信息可以通过信号幅度大小或信号幅度分布表现出来。而声发射振幅大小与衰减会受传播介质的类别、尺寸影响（朱乐，2017），同时由所测得的声发射参数也可以预测材料的属性，如通过声发射信号可反映待测材料表面的摩擦程度（Hase et al.，2008）。因此在实际测量中，还需用信号放大器对声发射源信号进行放大，使之可以尽可能多地捕捉微弱的声发射信号提高检测精度。

（2）波形分析法

声发射传感器输出的电压和时间的曲线称为波形，它可以通过示波器观察到。波形分析法是指利用信号处理方法对信号的频域、时域处理分析实现获取声发射源等信息的目的。波形分析法能使我们准确地知道声发射信号产生的原理。目前的技术如降噪技术的进步使得对信号波形分析的方法如频谱分析法、神经网络分析方法、小波变换的近红外光谱分析方法等越来越多样化且精确，同时也与其他声发射检测技术相结合以获得更为精确的信号数据，并且分析方法也更加先进、准确。

4.1.4 应用领域与研究进展

声发射技术最早是应用于对金属材料的研究，尤其是在检测金属疲劳和裂纹扩展方面。20 世纪 50 年代，科学家们发现，材料在受到应力作用时，会产生微小的声发射信号，这些信号与裂纹形成和扩展过程密切相关。此发现开启了声发射技术在材料科学中的应用，用于评估金属在不同应力和振幅条件下的结构完整性如孔隙率、试件的层状结构（Ma et al.，2023）或研究在破坏金属材料时其表面破坏方向和声发射的特性（Li et al.，2018）。

基于上述早期研究成果，声发射技术在木材无损检测领域的应用持续发展。有针对木材内部损伤检测而采取更为精确的指标判断（Zhang et al.，2021b），也有针对木材产品的质量检测如在工程建筑木制品拉伸过程中进行声发射波（Rescalvo et al.，2024）比较以及竹木复合材料的结构应力检测（Wang et al.，2022）。而木材的质量管理并不只限于被砍伐后的运输与加工，在其被砍伐后被用作建筑、家具等材料前，即在木材的保存阶段其内部的质量检测也是必不可少的，无论是蛀木虫还是网状白蚁，其活动都会在一定程度上对木材的质量产生影响，而通过声发射技术可以得到木材遭受侵害时，该类活动发生的位置（Krajewski et al.，2024；Suarez et al.，2023），以减小木材损失。

4.2 声-超声技术简介

声-超声（acousto-ultrasonics，AU）技术是 20 世纪 70 年代至 80 年代初美国学者提出的一种无损检测与评价板状结构的新方法，声-超声这个术语可以被认为是“用超声波作为发射源的声发射模拟”的缩写。使用该方法检测板材时，通常是在待测板材的同一侧运用两个相隔一定距离的探头进行检测。例如通过一侧探头将高频电振动转换为高频机械振动后，该振动激发材料的应力波（stress waves）由另一探头接收并进行分析，而这种应力波即被认为是模拟的声发射信号。

从理论上说，声-超声技术可分为脉冲的激发、传播、接收和分析 4 个过程，它综合了声发射的信号处理技术和超声波的特性技术，可以用来探测缺陷的状态和力学性能的变化。与常规超声波方法不同，声-超声技术要求接收到的信号必须是和传播路径上的材料微结构相互作用的结果，而通过提取和处理接收端传感器收集到的不同信号参数可以预测待测材料健康状况如对木材缺陷的检测（余斌等，2014）。

4.2.1 基本概念与检测理论

4.2.1.1 超声事件与超声源

超声事件与声发射事件类似，指在超声波传播过程中，因材料内部的结构或缺陷引起的特定声学现象，可主要分为以下几类：

① 反射：当超声波遇到不同密度的材料界面时，会发生部分波能反射的现象。反射信号的强度和时间可以提供有关材料厚度和界面特性的有用信息。

② 透射：超声波穿过材料时，部分波能继续传播到材料另一侧。透射信号的分析可用于判断材料的完整性和厚度。

③ 散射：超声波在遇到微小缺陷（如裂纹、气孔、夹杂物等）时，会发生散射，导致信号的变化。通过分析散射信号，可以识别和定位缺陷。

④ 衰减：超声波在传播过程中，因吸收和散射等因素，其强度会逐渐减弱。这种衰减可以反映材料的性质，如密度、内部缺陷等。

⑤ 模式转换：超声波在不同介质之间传播时，可能会发生波形变化（如纵波转为横波），这也被视为一种超声事件，而这一转换会影响信号的传播和接收。

材料在受到外部载荷施加（如压缩、拉伸或弯曲）或瞬时冲击碰撞（撞击、爆炸或落锤）时，内部的应力与应变变化会导致超声波的产生。而在重复载荷情况下，材料内部可能会形成微小的裂纹或缺陷。当这些缺陷扩展时，可能会释放出声波，形成超声信号。这些都可称为超声源。近年来，又产生了激光超声源、超声波换能器阵列、压电薄膜等产生超声波源的新型技术。

4.2.1.2 超声技术的基本原理

AU 技术检测原理如图 4-6 所示。检测时，利用压电换能器或激光照射的方法，在材料表面激发询问应力波。该应力波在复合材料内部与微结构的复杂相互作用后，到达置于材料的同一或另一表面的接收装置。而AD（analog to digital）采样是将连续的声发射信号转化为离散的数字信号的过程，并将数字信号输入到计算机通过分析已转化的数字信号，确定材料内部的力学性能的变化。检测的核心思想在于能够真实模拟自发应力波，即要排除由于模拟声发射而产生的虚假应力波，如耦合剂产生的振荡等。因此AU检测的关键在于保证信号的真实性和可重现性。

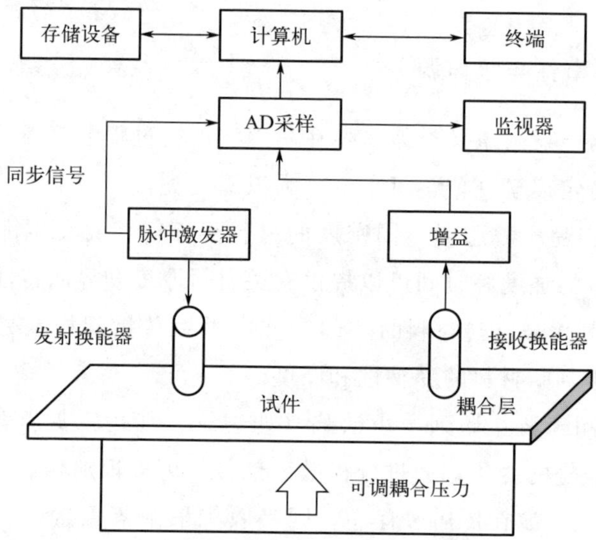

图4-6 AU技术检测原理图

4.2.2 测量方法与适用对象

超声检测系统通过超声波在待测材料中的传播来检测材料内部缺陷。其由控制装置、脉冲激发器、换能器（探头）、放大（增益）器、采样模块、处理（计算机）模块、输出（终端）模块、存储模块、耦合剂构成。而超声检测过程可分为超声波的发射、接收和评估等步骤，各步骤分别对应着脉冲激发器、换能器、耦合剂、放大器、采样模块。

4.2.2.1 脉冲激发器

脉冲激发器是一种用于产生具有特定频率、幅度和占空比的脉冲信号的电子仪器。它在电子实验、通信系统测试、数字电路设计等领域中广泛应用。在超声检测中负责产生电脉冲信号，这些信号将激发探头的机械振荡，从而产生超声波。

4.2.2.2　换能器

换能器即超声波探头，是设备的关键部分之一，可根据作用分为发射换能器和接收换能器。前者能够将电脉冲转化为机械振荡，并将声波传播到被检测的材料中；后者能将反射回来的声波信号转化为电脉冲，供后续处理使用。探头按照工作原理可分为压电式、磁致伸缩式、电磁式等，在检测技术中压电式换能器（如图 4-7）最为常用。

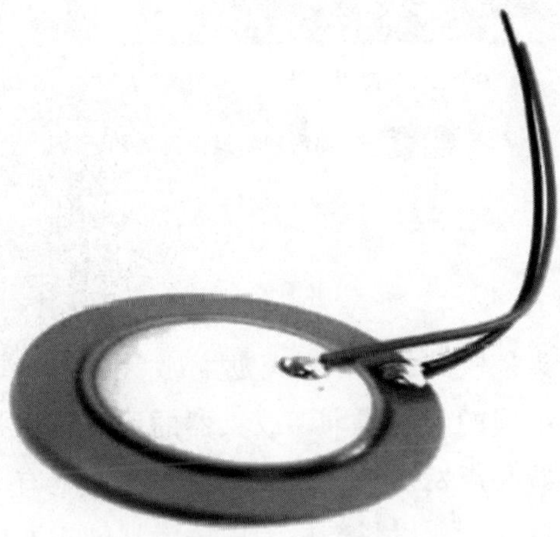

图 4-7　压电式换能器

压电式探头中常用的压电材料为压电晶体和压电陶瓷，它是利用压电材料的压电效应来工作的。逆压电效应将高频电振动转换成高频机械振动，从而产生超声波，可作为发射探头；而正压电效应是将超声振动波转换成电信号，可作为接收探头。根据结构不同，压电式探头分为直探头式、斜探头式和双探头式。

4.2.2.3　耦合剂

耦合剂（couplant）是为了减轻探头与被测物接触时由于二者之间存在空气薄层会对测量造成较大程度的干扰而设计的，即将接触面之间的空气排掉，使超声波能顺利地入射到被测介质中。在工业中，经常使用一种称为耦合剂的液体物质，使之充满在接触层中如图 4-8（a）所示，起到传递超声波的作用。常用的耦合剂如图 4-8（b）所示，有自来水、机油、甘油、水玻璃、胶水、化学浆糊等。

(a) 耦合剂使用场景

(b) 常见耦合剂

图 4-8 耦合剂与其使用场景

4.2.2.4 放大器

放大器用于对探头接收到的微弱信号进行放大和过滤，以便更好地进行后续处理和评估。根据不同的应用需求，放大器的增益可以是线性增益或对数增益。超声检测的放大器和声发射检测的放大器在作用上有着一定的相似性，但由于超声波信号通常较弱，所以超声检测中放大器的主要作用在于增强接收的超声波信号以便提高信噪比和更好地分析和显示。

4.2.2.5 采样模块

在超声检测中，采样模块是必不可少的，其主要作用是将模拟信号转换为数字信号，以便进行进一步处理和分析。其信号转换的过程经历为：模拟信号采样—模数转换—采样频率选择—数据存储—同步与触发—输出格式。该模块性能直接影响检测结果的准确性和可靠性。

4.2.3 测试条件与检测效果

超声检测的测试条件与声发射检测有所不同，其获得结果虽然具有快速、易用和准确等多重优势（Paniagua et al.，2022），但其本身的波路径、波速和衰退等因素也往往难以让人理解，同时在其后续的信号处理过程中也存在着不稳定的结果（Lasaygues et al.，2018），为保证检测信号的稳定性，对超声检测各个阶段的条件和设备选择需更加慎重。

4.2.3.1 设备选择

为了提高检测结果的可靠性，需要了解受检件的材料牌号、性能、制造方法和工艺特点，包括超声波检测仪、探头、试块等的选择。同时考虑影响其使用性能的缺陷的种类及形成原因、缺陷的最大可能取向及大小、受检部位受力状态、检收标准等要素。

4.2.3.2 设备连接

在检测过程中，需要将换能器固定在被检试样上，并在换能器与试样表面之间加入耦合剂。进行一维源定位时，单通道超声系统即可满足需求，即使用一个传感器通道和一个前置放大器，再连接到数据采集卡，最后接入软件和主机。若需进行二维源定位，则需要使用多通道超声系统，涉及多个传感器通道，每个传感器需接对应的前置放大器，再接入一个数据采集卡，最后连接到主机。

4.2.3.3 信号产生

压电方式是超声检测中最常用的信号发射方式之一。通过逆压电效应，即压电材料有受到电信号刺激时会产生机械振动，发出超声波信号。常用的压电材料有石英晶体、压电陶瓷锆钛酸铅等。在压电材料切片上施加交变电压，使它产生电致伸缩振动从而产生超声波。压电材料的固有频率与晶体片厚度 d 有关，即由式（4-1）可得：

$$f = n\frac{c}{2d} \tag{4-1}$$

式中 n——谐波的级数；

c——波在压电材料里的传播速度（纵波），m/s；

d——晶体片厚度，m。

而 c 则可由式（4-2）算得：

$$c=\sqrt{\frac{E}{\rho}} \tag{4-2}$$

式中 E——杨氏模量，Pa；

ρ——压电材料的密度，kg/m^3。

由式（4-1）与式（4-2）可得式（4-3）：

$$f=\frac{n}{2d}\times\sqrt{\frac{E}{\rho}} \tag{4-3}$$

压电式超声波发生器可以产生几十 kHz 到几十 MHz 的高频超声波，产生的声强可达几十分贝，即 W/cm^2。而较高频的超声波对于表面或近表面的裂纹、气孔、夹杂物等细小缺陷能提供更清晰的检测效果，适合检测较薄材料或精密组件。

4.2.3.4 信号发射

与声发射检测相比，超声检测通常使用脉冲反射法。探头通过发射特定参数的超声波，在物体内部遇到缺陷后，超声波反射回来，又被探头接收到，传到处理器中处理并显示出来，且需要外部源产生超声波，然后传输到材料中，属于侵入性检测。而发射信号的设备又分为接触式与非接触式，二者在使用时各有优劣（Mousavi，Gandomi，2021），但入射方向的选择应使声束中心线与缺陷延伸平面尽可能地接近垂直如图 4-9，并力求得到缺陷最大信号。同时，为避免被探工件形状和结构可能产生的反射或变形信号对缺陷的判别造成困难，入射方向还应选择在不会出现这些干扰信号的方向上，必要时应从正、反两面进行检查。

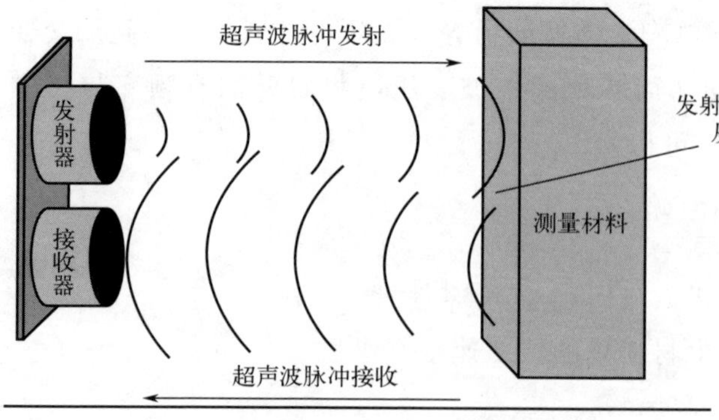

图 4-9 发射设备垂直入射方向

4.2.3.5　信号接收

一般的超声波接收器是利用超声波发生器的逆效应而进行工作。当超声波作用到压电晶体片上时，晶片会伸缩而后在其两个界面上产生交变电荷。这种电荷先被转换成电压，经过放大后送到测量电路，最后记录或显示出结果。它的结构和超声波发生器基本相同，有时则用同一个超声波发生器兼作超声波接收器。但在信号接收过程之中往往存在着许多干扰因素如信号的传输途径、传感器自身的“振铃”效应等。

（1）信号的传输途径

信号在材料或结构中经过多次反射、衰减以及波形转换后，其波形可能会发生很大畸变。这意味着在信号接收时，需要考虑到这些因素对信号的影响，并采取相应的措施来减少这些影响。

（2）“振铃”效应

传感器本身的“振铃”效应即在材料中传播时，由多次反射或传感器自身特性导致的信号延迟衰减现象。其表现为信号在接收端持续振荡，即便超声发射脉冲已经停止，接收到的信号仍会出现一系列衰减的余波，会导致输出信号更加复杂（Wu et al.，2021）。在信号接收时，需要对传感器的特性有充分的了解，并采取措施减少这种效应对信号的影响。

4.2.3.6　信号处理与分析

在接收换能器通过正压电效应即将超声振动波转换成电信号后，理想中的图像应如图 4-10（a）所示（其中横坐标 t 代表采集时间，纵坐标 A 代表收集到的电压大小），但实际接收电信号成像后往往会因各种噪声的干扰产生如图 4-10（b）所示的不理想的图像（王大为等，2019）。

为了消除或减少噪声对于后续分析的影响，一般对接收信号进行滤波、去噪等处理。滤波是去除噪声、提取有用信号的重要方法之一。可以通过低通滤波器、高通滤波器或带通滤波器来去除不需要的频率成分，提高信号的质量。超声信号中的噪声可以通过多种算法进行减少，例如双高斯衰减超声信号模型对信号进行降噪（王大为等，2019），以滤除噪声并提取信号特征。

超声信号的分析方法通常有直接通过信号形状观测的时域分析、类似于声发射波形分析的小波包分析、小波变换的特征提取分析等多种类型。

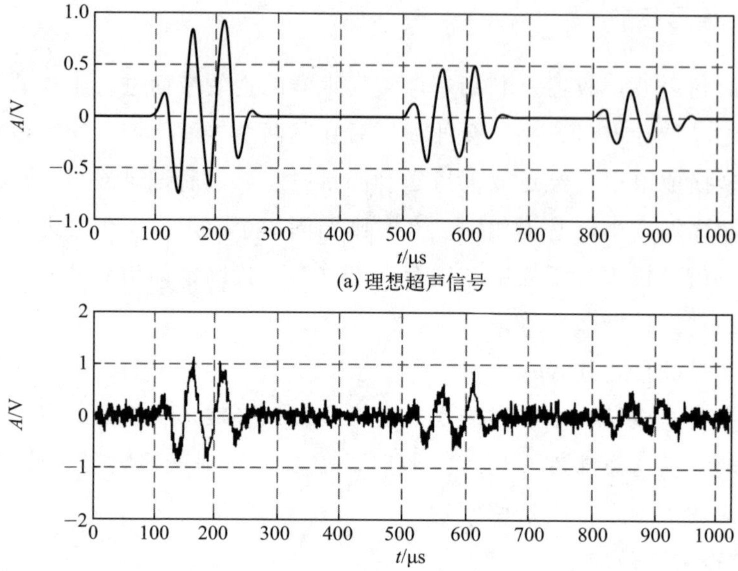

(a) 理想超声信号

(b) 含噪超声回波

图 4-10 理想超声信号和含噪超声回波

4.2.4 应用领域与研究进展

超声检测的发展最早可以追溯到 20 世纪 30 年代前后，苏联学者索科洛夫(Sokolov) 发表了一篇关于超声波振荡在各种物体中传播问题的文章，提出利用超声波良好的穿透性来检测不透明物体内部缺陷的设想。而后又经 Firestone、D. O. S. Spronle 等的不断研究，使得超声技术与检测发展日趋成熟，并在 20 世纪 70 年代至 80 年代开始进入材料的无损检测领域中。历经数年发展，现在在多个行业如医疗保健、工业、安全监控、航空航天等领域中发挥着重要作用。如今，超声检测也成为木材无损检测中非常重要的一种方法。

超声检测在当前的发展之中有与机器学习结合的方法，即通过对木材进行不断的缺陷检测、分类和测试，能够较为准确地识别木材的健康状况（Mousavi，Gandomi，2021）；也有非接触式超声检测方法如空气耦合超声（ACU）(Fang et al.，2017)；或者与其他方法如静态测试（Dackermann et al.，2016）相互结合比较的交叉测量方法。也正因此，超声检测在无损检测中的研究进展推动着检测技术的不断发展并不断演化出更多在复合材料和木材中的新型检测方法。

4.3　本章小结

本章对声发射和超声技术进行了深入的探讨，重点分析了两者的原理、应用和发展前景。

声发射技术是一种基于捕捉材料内部微观裂纹或缺陷发生时所产生的声波信号，实现实时监测的无损检测方法。它能够实时捕捉和分析结构健康状态的变化，广泛应用于航空航天、核电、土木工程等领域。通过对声发射信号的分析，工程师能够有效地评估材料的损伤程度，并预测潜在的失效风险。

超声技术则利用高频声波进行无损检测，能够探测材料内部缺陷、测量厚度和进行结构成像。其高灵敏度和精确度使其成为工业检测中不可或缺的工具，应用于焊接质量检测、腐蚀监测和生物医学成像等多个领域。在木材行业，超声技术尤其重要，能够有效识别木材内部的缺陷、空洞和腐朽，确保木材的结构安全性和使用寿命。

总体而言，声发射和超声技术在木材无损检测中发挥着重要作用。它们的结合为木材的质量控制和安全评估提供了强有力的支持，推动了木材行业的可持续发展与应用创新。

第5章 标准荷载（验证荷载）技术

5.1 验证荷载技术简介

验证荷载技术是一种通过施加已知载荷并测量结构反应的方式来评估建筑材料（如木材、钢材、混凝土等）性能的无损检测方法。其发展历程可以追溯到20世纪50年代，当时由于桥梁分析和设计理论不够完善，荷载试验被视为展示桥梁承载能力并增强公众信心的必要环节。随着时间的推移，西方发达国家在20世纪末期逐渐建立起了桥梁荷载试验技术标准，详细规定了基于荷载试验的桥梁承载能力评定流程（苑春艳，2002）。

与此同时，基于对结构安全性和使用寿命日益关注的背景，在木材等具有天然变异性的材料中，验证荷载技术也开始作为一种无损检测技术起到重要作用。该技术通过合理的荷载施加和响应监测，检测木材的真实强度和刚度，从而进一步检测木材的构造性能、稳定性、耐久性等，以衡量其可靠性。例如通过在荷载条件下木柱受力性能的深入分析，有助于开发更为有效的结构加固和保护措施，提升木建筑可靠性（贺俊筱等，2017）。这些测试不仅为研究人员提供了科学的依据，也为研究人员未来的研究指明了方向。

随着材料科学的发展，验证荷载技术已从初步的静态测试向更为复杂的动态、非线性荷载研究方向转变，成为木材及其他建筑材料中检测质量、性能和健康状况的核心工具。它不仅有助于确保结构的安全性和可靠性，还能促进建筑材料检测技术的发展和创新。随着技术的不断进步，未来的研究可能会进一步优化检测方法，以提高检测效率和准确性。

5.1.1　基本概念和检测理论

5.1.1.1　基本概念

在探讨木材无损检测技术时，明确“荷载”与“验证荷载”的概念及其区别是至关重要的。

荷载，从广义上讲，指的是使结构或构件产生内力和变形的外力及其他因素，或习惯上指施加在工程结构上使工程结构或构件产生效应的各种直接作用（战书东，刘光磊，2013）。通常用于模拟木材在实际使用过程中可能遭受的各种外力，包括但不限于木材自身的重量（永久荷载）、由使用条件引起的活荷载，以及可能的雪荷载、风荷载等（可变荷载）（曹振熙，1994）。在木材无损检测中，通过施加不同的荷载并测量木材的应变反应，可以评估其在常规工作条件下的力学性能，包括其刚度、弹性模量及承载能力（康柳，2017）。

相对而言，“验证荷载”则是指在特定的测试条件下，用于验证木材结构是否满足预定安全标准的荷载。这类荷载通常在实验室环境中施加，以模拟木材在实际使用中可能遇到的各种负荷情况。验证荷载的设定旨在通过实验手段，评估木材在特定荷载作用下的力学响应，从而推断其在实际应用中的性能表现（邢碧滢，庞燕，2019）。

在木材无损检测的应用场景中，荷载与验证荷载扮演着不同的角色。荷载通常根据实际使用需求和设计标准计算得出，反映的是木材在正常使用过程中所需承受的常规力量，多用于长期使用性能的评估。而验证荷载则是超出正常工作条件的额外负荷，更多地验证木材在极限情况下的表现和承载极限。两者的结合使得木材的无损检测不仅能反映其日常使用性能，还能确保其在异常负荷下的结构安全性。

基于对以上概念的理解，可以进一步探讨如何应用这些概念来评估木材的性能，即验证荷载法。验证荷载法最早由 Fujino 和 Lind 系统提出，其基本思想是：在对木材的端部结合（即木材与木材连接的部分）的结构进行可靠度分析时，利用作用在结构上的验证荷载所提供的信息，对木材的抗力分布进行更新，用一条截尾的抗力分布曲线代替原来的分布曲线，从而达到减小结构失效概率、提高结构可靠程度的目的（李汇源，2008）。如图 5-1 所示，在结构可靠性分析中，$f_R(x)$ 表示结构抗力 R 的概率密度函数，而 $f_S(x)$ 表示作用于结构上的荷载 S 的概率密度函数，两者的重叠区域反映了结构可能发生失效的概率。即荷载超过结构抗力的情形。采用验证荷载法对 $f_R(x)$ 进行截断处理后，可以生成更新后的抗力概率密度函数 $f_R^*(x)$，该函数排除了在特定验证荷载水平 x_p 之后的结构失效概率，通过截尾处理，新的密度函数 $f_R^*(x)$ 提供了一个更新的、更准确的抗力分布，从而提高了结构的可靠性。

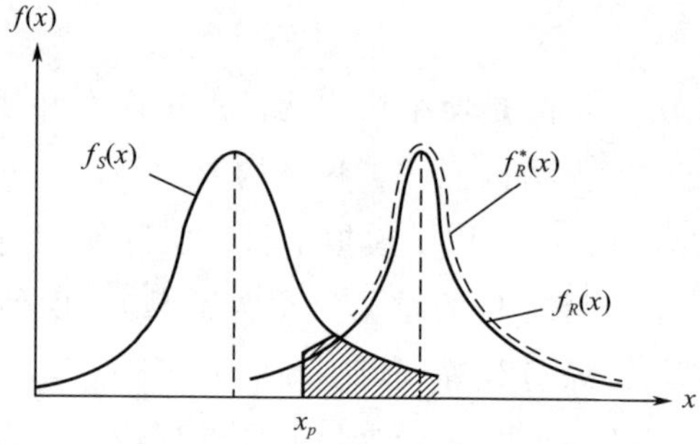

图 5-1 截尾后的干涉区域

（刘扬，杨永红，2011）

验证荷载法包括多种加载模式，不同的模式针对特定的检测目标和木材特性。如图 5-2 展示的一种测量木梁的挠度时施加的三分点对称两点加载的加载方式即梁的两端被支撑，而在梁的两个三等分点处施加集中荷载（左宏亮等，2017）。常见的加载方式中，可以利用静态加载的模式，即在木材上施加一个恒定的荷载，并保持一段时间以观察木材的响应的方式，评估木材在长期荷载作用下的力学性能，如蠕变和长期强度（周佳如等，2020）。此外，还可以以较快的速度或周期性变化的方式施加动态荷载，来模拟木材在实际环境中可能遇到的振动或冲击荷载，如风载或交通荷载，可以帮助检测木材对快速变化荷

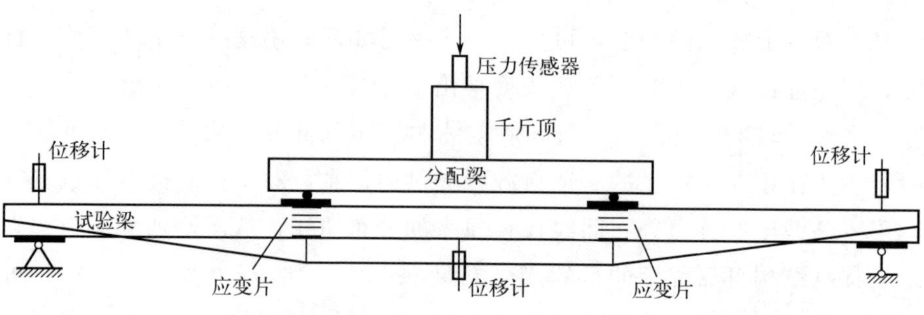

图 5-2 三分点对称两点加载的加载方式

载的响应，如抗冲击性能和动态强度。例如，张允士曾利用由周期性的交通荷载引起的振动荷载的动态荷载施加的方式来评估在合理的范畴内古木建筑结构的抗振性（张允士等，2017）。简而言之，静态加载用于评估长期稳定性，动态加载用于模拟振动影响，在验证荷载技术中，当分析某一结构的承载能力时，通常采用各加载模式的不同组合，并不会仅依赖单一的加载模式（花全均等，2024），以便能够更全面地评估结构和材料在不同工况下的表现，确保其在实际使用中的安全性和耐久性。

5.1.1.2　检测理论

验证荷载技术通常依赖于不同的理论框架来计算和分析材料或结构在荷载作用下的响应。这些理论包括结构力学、弹性理论和塑性理论等。

结构力学是研究结构（如梁、框架、壳体、桥梁等）在外部荷载作用下的力学行为的学科。结构力学能够分析外部荷载如何在结构中传递，并通过分析应力、位移和内力分布来验证结构的设计是否合理，利用弹性理论和塑性理论来计算和预测结构在各种荷载下的响应。确保结构的稳定性、强度和变形在安全和功能的范围内。

弹性理论描述了材料在外力作用下的响应，尤其是在小变形范围内，材料的应力和应变之间的关系。即应力与应变成正比，且应力-应变关系是线性的。对于木材而言，遵循胡克定律，如式（5-1）：

$$\sigma = E\varepsilon \tag{5-1}$$

式中　σ——应力，即单位面积上所受到的力，Pa；

ε——应变，即在外力作用下的相对形变；

E——材料的弹性模量，Pa。

根据弹性理论，当外部荷载施加在材料或结构上时，如果荷载没有超过材料的弹性极限，材料会发生弹性变形，这些变形是可逆的，即荷载移除后，材料能够恢复到原来的形状。

塑性理论描述了材料在超过弹性极限后的行为，尤其是在材料产生永久性变形时。与弹性理论不同，塑性理论适用于材料的应力-应变关系发生非线性变化的情况，即材料在加载后不会完全恢复其原始形状，存在不可逆的变形。塑性理论常用于分析结构的极限承载能力。当结构的荷载超过弹性范围时，塑性理论帮助分析结构能否通过塑性变形承受更大的荷载。

如图5-3，根据加载过程的不同阶段，木材的应力-应变关系可以分为弹性阶段、塑性阶段和损伤阶段，体现了弹性理论和塑性理论的不同应用。随着损伤的增加，材料的承载能力逐渐降低，直至最终断裂。在弹性阶段（OP）时，应力与应变之间的关系是线性的，符合胡克定律。点P代表材料的弹性极限，即材料能够完全恢复到原始形状的最大应力点。这一阶段木材的变形是可逆的，当外部荷载移除后，木材能够完全恢复到原始形状。在超过木材的弹性极限（点P）后，木材进入塑性阶段（PM）。此时应力与应变之间的关系不再是线性的。即使应力保持不变，应变也会继续增加，表明材料发生了永久变形。点M代表材料的极限强度，即材料能够承受的最大应力点。当木材承受的荷载进一步增加时，它进入损伤阶段（点M之后），此时应变迅速增加，而应力可能保持不变或略有下降。在这一阶段，木材的微观结构开始遭到破坏，局部或整体的损伤逐渐发展成宏观裂纹，直至结构的断裂。对不同阶段理论的不同理解和分析，对于木材在建筑、结构和材料工程中的应用至关重要。

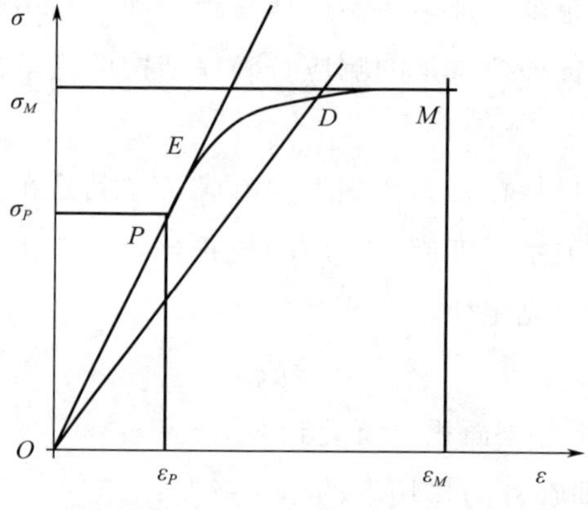

图5-3 应力（σ）-应变（ε）曲线

5.1.2 适用对象与测量方法

验证荷载技术适用对象涵盖了多种木材构件及复合材料，其中最常见的包括传统木材结构构件（如梁、柱、板）、胶合层板（GLP）、胶合木（glulam）、交叉层压木材（CLT）等木质复合材料（李祎璇，2020）。这些对象在加载过程中表现出各自的独特力学行为特征，具体表现在应力分布、变形模式和破坏机制等方面。此外，某些特殊环境下的木材（如高湿度条件下的木材或经过老化处理的木材）也可以通过验证荷载技术进行性能评估（薛建阳等，2024）。

在这些条件下，木材的力学性能会受到水分吸收和纤维结构变化的影响，通常表现为强度降低、刚度减小等现象。荷载测试能够有效捕捉到木材在这些条件下的应力-应变变化，从而为木材在极端环境下的性能分析和结构安全性评估提供依据。

验证荷载技术通过精确的测试过程，获取木材构件在不同荷载作用下的力学响应数据，为木材的性能评估提供科学依据。整个测量过程包括初始状态记录、加载过程监测、卸载后状态评估和数据收集与分析四个主要步骤，每一步的精确执行对实验结果的可靠性和有效性至关重要。

① 初始状态记录：对现有结构进行全面记录，确定需要进行验证荷载测试的结构部分。对木材构件的初始状态进行详尽记录，包括外观、尺寸、密度、湿度及已有缺陷等信息。

② 加载过程监测：加载方式有恒定加载和逐级加载等（金弋博，2017），其选取取决于具体的实验目的。比如可以在液压式压力试验机上进行，采用连续均匀、轴心加载方式，记录极限荷载下的状态（张晋等，2013）。位移、应变和应力等参数的实时监测对于了解木材的变形特性至关重要（彭爱勤，2018）。

③ 卸载后状态评估：卸载后，木材的恢复过程是验证荷载测试中至关重要的环节，一般可以通过荷载-位移、应变曲线进行分析。例如在木柱受火后加载试验中（张晋等，2013），将压力试验机底座上所测得的位移数的均值与相应荷载组成荷载-位移曲线，如图 5-4 所示。荷载-位移曲线的斜率在加载开始阶段较小，随着荷载的增加越来越密集，反映在曲线上就是受火木柱刚度在开始阶段较小，随着荷载增加，刚度有所增加，随后进入弹性阶段，直至进入弹塑性阶段，受火木柱刚度逐渐减小。这些数据为确定结构最终的实际承载能

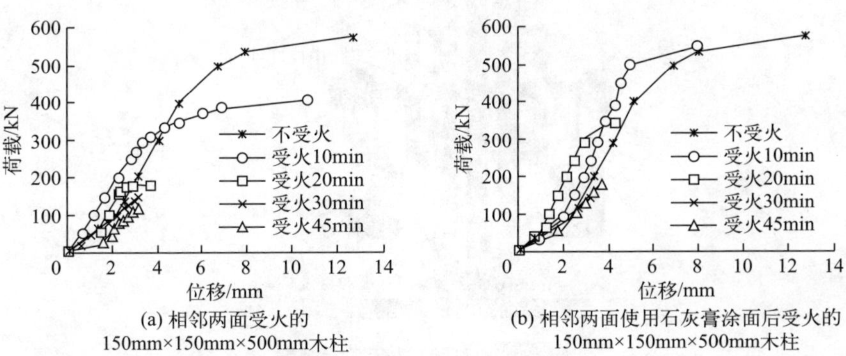

(a) 相邻两面受火的 150mm×150mm×500mm木柱

(b) 相邻两面使用石灰膏涂面后受火的 150mm×150mm×500mm木柱

图 5-4　受火木柱荷载-位移曲线

力提供了一定的思路。

④ 数据收集与分析：可通过记录荷载施加过程中的所有关键数据，包括荷载值、结构响应等数据构建分析结构响应数据，评估结构的实际承载能力是否满足设计和安全要求。

5.2 测试条件与检测效果

5.2.1 测试条件

在进行验证荷载试验时，有一些条件需要加以控制，主要有以下几方面。

① 常用荷载施加设备的选取。常用的设备，如液压千斤顶或重物加载系统，以及测量设备，如位移计、应变仪等，可以确保在荷载施加过程中的精确性和可靠性（彭爱勤，2018）。具体的设备选取通常取决于不同的目的，如在进行木材荷载测试时，通常会使用一些特定的测试装置和方法，例如通过振动测试方法测量木材的自振频率和阻尼比，同时使用离心风机作为人工风源来模拟风荷载对木材的影响（陶嗣巍，2013）。图 5-5 展示了特定的检验荷载的实验装备，即通过改变配重和使用差动滑轮，精确控制施加在试件上的荷载，从而评估试件在不同荷载条件下的性能。同时使用了位移计，用于监测试件在荷载作用下的变形情况，以计算材料的弹性模量、屈服强度等参数。

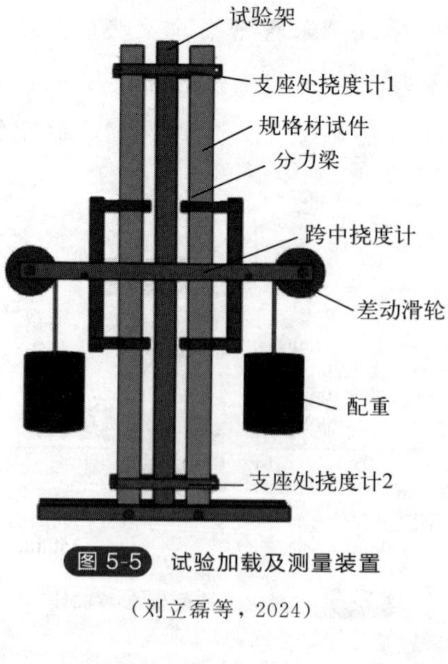

图 5-5 试验加载及测量装置

（刘立磊等，2024）

② 荷载的施加参数及条件。荷载测试时，既要根据设计要求和安全标准，确定需要施加的验证荷载的大小和持续时间以模拟实际使用条件（陆建兵，2021），同时也应注意荷载分布以及参数的选择，例如在进行短期荷载作用下的可靠度计算时，只需考虑荷载变量的分布类型及其相应的归一化均值和变异系数，不考虑荷载的时变效应（何敏娟等，2020）。

③ 环境因素（如温度、湿度和风速等）。进行荷载试验时，环境因素会影响荷载施加的效果和结构的响应，需要在测试中予以考虑和控制。尤其是测量环境与荷载长期共同作用下的木材本构模型即描述木材是如何响应不同的物理加载和应力条件，可能会受到木材蠕变现象的影响，进而影响荷载的测试结果（姜绍飞等，2021）。如图5-6所示，展示了木材的蠕变曲线，即在施加荷载的 t_0 时刻，木材产生弹性变形；在持荷阶段，木材变形继续发展，变形速率逐渐降低，所产生的变形即为蠕变；在撤去荷载的 t_1 时刻，木材部分变形即刻恢复，并以递减的速率继续恢复，最终残留少量不可恢复变形。

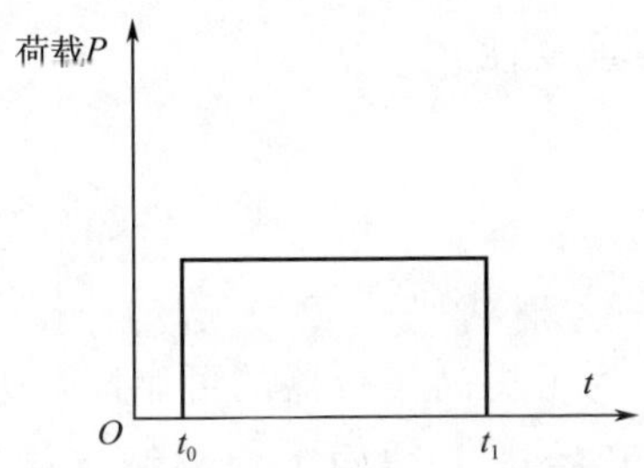

(a) 荷载随时间变化过程

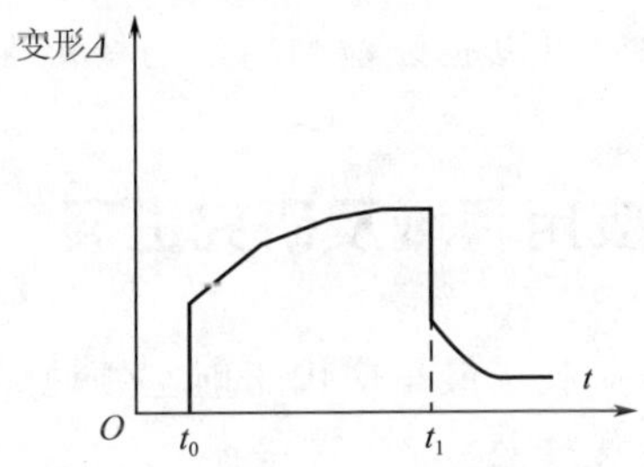

(b) 变形随时间变化曲线

图5-6 蠕变曲线

（姜绍飞等，2021）

5.2.2 检测效果

评估荷载试验的检测效果通常涉及以下几个主要方面：木材的响应特征、损伤模式、疲劳行为以及检测精度和一致性。

在荷载试验中，木材的响应特征是验证检测效果的首要标准之一。常见的评估方法有应变监测，木材的应变响应可以反映出木材受力后的弹性和塑性变形行为。通过木材在各个荷载级别下的应变变化，确保无损检测系统能可靠地反映出木材的实际受力状况（谢启芳等，2018）。其次超声波信号的传播时间和波速的变化也可以作为荷载作用下木材响应的有效评估指标（梁星宇等，

2022）。

损伤模式的准确识别是荷载试验中无损检测技术效果评估的核心内容之一。在荷载试验中，木材可能会出现裂纹、屈曲、表面剥离等损伤形式，可以结合声发射技术（AE），分析声发射信号的特征，包括频率、能量、来源位置等，评估识别这些损伤模式以判断其是否与木材内部的微裂纹扩展或其他结构性变化的损伤模式相符（麻胜兰等，2024）。

疲劳行为是荷载试验中的另一个重要评估内容，即木材在循环载荷作用下的性能表现，这包括其对重复加载的响应以及随时间发展的损伤累积。尤其是在长期服役的木材结构中，木材在周期性荷载下的疲劳特性直接关系到其使用寿命。通过对木材进行多次加载（循环荷载）并监测其响应，评估木材在不同加载周期下的损伤累积与裂纹扩展情况，结合应力-应变曲线和累积损伤模型，可以分析木材的疲劳寿命和疲劳强度（姜绍飞等，2021）。

检测精度和一致性可以增强荷载试验的可靠性。在同一条件下多次进行荷载试验，检查相同木材样本在不同实验中的检测结果是否一致，通过对比不同实验结果，可以验证检测结果的稳定性与重复性。

5.3 应用领域及研究进展

验证荷载法最早应用于航空领域，如为了提高飞行器的可靠性，进行定期的验证荷载试验。在 20 世纪 70 年代初开始进入结构工程领域（姚继涛等，1995），通过对验证荷载的优化处理，可使结构的建造和使用总费用达到最低。在建筑工程中，可对结构的抗力进行检验，以提高其可信性（赵挺生，陈慧仪，1996）。

对于木材结构的研究，一般包括抗弯荷载和耐张荷载两个方面。抗弯荷载研究通过消除偶尔出现的低强度端接，提高胶合层合板的可靠性，保障胶合层压木材更容易遵守其可靠性的程序。目前，抗弯荷载在木材领域的研究不断深入，涵盖了实验研究、数值模拟、性能改善、长期监测、无损检测及优化设计等多个方面（张凌波，2020）。耐张荷载方面，研究人员对耐张荷载的耐张度进行尝试，认为其耐张系数需要为 2.1，并且梁的最小极限强度必须为设计应力的 2.1 倍（Ross，2015）。Suddarth 研究发现，如果使用耐张加载木材建造，则其耐张系数为 1.4 时，工字梁的强度性能可以得到改善。在木材结构设计的标准和规范中，通常会给出不同种类和等级木材的推荐耐张系数。这些推荐值基于广泛的实验数据和统计分析，为设计师提供了可靠的设计依据。

对于木材性能的研究，一般包括静力载荷、冲击载荷两个方面（彭国勋等，2014）。静力载荷，是缓慢而均匀的施载形式。现有的木材性能如弹性模量（MOE）本构模型大多只考虑静力荷载作用。对于高温作用下木材的本构模型、不同受力模式下正交胶合木的本构模型以及往复荷载作用下木材的累积损伤和弹塑性损伤行为亟须研究（陆斌辉等，2024）。冲击载荷，是集中全部载荷在瞬间猛击的施载形式。木材在冲击载荷下的性能研究相对较少，但已有研究表明木材在动载荷下具有较高的强度，并且不会致密化。近年来，对木材以及木结构在载荷下的行为的研究不断深入（张岩，2023），这对于提高木材结构的安全性和耐用性具有重要意义。

尽管验证荷载技术在木材检测中具有重要的应用价值，能够提供直接的承载能力信息，但其局限性也不容忽视。验证荷载技术通常需要将木材构件加载到其极限承载能力，甚至超出设计荷载，这可能导致结构的永久损伤或破坏。对于许多应用场景，尤其是已经投入使用的结构，这种破坏性测试并不适用。并且验证荷载测试的整个加载过程往往耗时较长，尤其是在实施逐步加载和等待结构达到稳定状态的阶段（周佳如等，2020）。这个过程不仅耗时，而且需要对木材构件的响应进行长时间的监测。为了弥补这些局限性，可以考虑结合传统的荷载测试和无损检测技术（如声波检测、红外成像等）（赵东等，2024），在荷载施加的过程中实时监控木材的变形、应力分布和内部缺陷，从而实现更加全面的评估。

5.4 本章小结

验证荷载技术在现代木材无损检测中的应用，标志着木材结构可靠性评估的一个新里程碑。该技术通过实施验证荷载，对木材结构的抗力分布进行精确校准，有效降低了结构失效的风险，提升了其整体可靠性。验证荷载法不仅在新结构设计中发挥着重要作用，也在既有建筑的安全性评定中显示出其价值，尤其是在木结构工程中，它能够显著提高木材在标准荷载下的抗弯性能评估的准确性。这种方法的应用，确保了木材结构在预期的使用荷载下能够安全、稳定地工作，为木材结构的长期性能和安全性提供了有力保障。

第6章
微钻、探针和取木芯技术

6.1 技术简介

在现代工业和科研领域，无损检测（NDE）对于评估材料性能和确保结构完整性至关重要。微钻、探针和取木芯技术作为 NDE 的重要组成部分，提供了一种在不损害木材整体结构的前提下，获取木材内部信息的高效手段。本章将详细介绍这些技术的基本原理、应用范围和最新研究进展。

6.1.1 基本概念和检测理论

6.1.1.1 微钻技术

微钻技术是一种高精度的钻孔技术，指在材料上钻出直径极小的孔，通常这些孔的直径在微米级别。1958 年，Levin 等借助仪表车床加工出小至 15μm 的钻孔，这可能是微钻技术的首次尝试（Hasan et al.，2017）。20 世纪 80 年代末开始，对微孔的需求有所增加，从那时起，微钻技术出现了创新性的发展，以满足各个行业不断增长的需求。

微钻技术在木材无损检测领域具有重要意义，其核心工具为微钻阻力仪（图 6-1）。该技术属于非破坏性检测，例如可运用直径 1.5mm 的钻针，在电机驱动下，以恒定速率钻入木材内部，通过分析钻针钻入木材时遇到的阻力变化，获取木材内部结构与性能相关的信息，从而对木材的多种性能进行评估（姚建峰等，2022b）。其原理便是，在测量期间微钻阻力仪会记录下钻入不同深度时的阻力值，据此绘制出一条阻力曲线来反映木材性能的变化。这种方法的优势在于，它能够在不影响木材使用性能的情况下，迅速且准确地评估木材的多种性能，如密度、含水率、抗压强度、抗弯强度、弹性模量等。

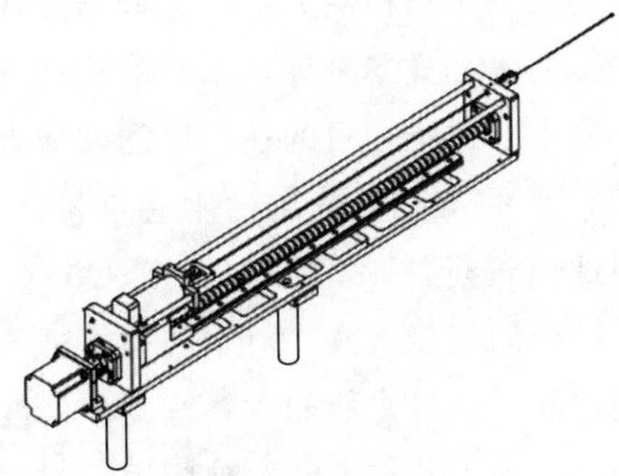

图 6-1　微钻阻力仪

（姚建峰等，2022a）

6.1.1.2　探针技术

探针技术是一种基于机械应力原理的无损检测方法，主要用于评估木材的密度。该技术的核心工具是探针检测仪（图 6-2），它由一个手持设备和一个钢制探针组成。在检测过程中，探针以恒定的能量射入木材，而射入的深度则通过仪器的读数显示出来。根据探针进入木材的深度，可以间接推断活立木的密度。密度越大，则探针射入深度越浅；密度越小，则探针射入深度越深（彭建等，2023）。该方法可以快速、无损地检测木材密度，适用于大规模取样，且操作简便、结果可靠。

图 6-2　探针检测仪

（Charria et al.，2014）

6.1.1.3 取木芯技术

取木芯技术是一种传统的木材检测方法，其操作过程是通过生长锥（图6-3），从木材中钻取圆柱形的木芯样本来评估木材的物理性质和力学性能。通常会使用特制的钻头来获取木芯样本，目的在于既能够最大限度地降低对木材的破坏程度，又能取出圆柱形的木芯。取出的木芯会被送往实验室进行详细分析，从而对木材的各种性质进行评估（陈东升等，2024）。取木芯技术的检测理论是基于对木材内部结构的直接观察。对木芯样本进行分析时，能够直接获取木材内部结构和缺陷方面的信息，例如年轮宽度、密度、含水率、裂缝、节疤等。正是由于这种特性，取木芯技术常常被应用于古树的非破坏性采样工作中。通过该技术可以针对古树的具体情况采取有效的保护措施，并且能够获得树木年轮年表信息，有助于更好地理解过去气候条件的自然变化（Koch et al.，2017）。

图6-3 取木芯生长锥

6.1.2 适用对象与测量方法

树木及木制品的缺陷有外部缺陷和内部缺陷两种。外部缺陷如裂纹、形变、表面腐朽等，可通过目测及一些简单的测量工具测定；内部缺陷如内部空洞、裂缝、腐朽等，则需使用无损检测技术。当下古建筑木结构的保护是时代发展的趋势，对木构件损伤的精确检测是对其保护修缮的重要依据，而合理运用这些无损检测技术是开展此工作的基础（张典，2024）。

6.1.2.1　微钻技术

（1）适用对象

适用于检测古建筑木构件、实木木材和砖木结构构件的内部缺陷，如裂缝、腐朽、虫蛀、空洞等，以及评估木材的密度和力学性能（朱磊等，2013）。

（2）测量方法

① 检测路径选择。在木材表面选择适当的检测点，以避免因路径重叠导致曲线出现显著偏差。

② 钻入过程。使用直径 1.5mm 的钻针，在电机驱动下以恒定速率钻入木材内部，记录钻入过程中的阻力值。建立以横坐标为钻入深度，纵坐标为阻力值的阻力曲线。

③ 数据分析。基于阻力曲线，将测定的区域分为了无缺陷区、髓心或腐朽虫蛀区、裂缝或空洞区等三类区段。无缺陷区的阻力曲线较为平稳，而有缺陷的区域阻力曲线会有明显的下降。

④ 校准与精度保证。定期使用标准木对微钻阻力仪进行校准，以确保检测精度（白晓彬等，2023）。这种方法会在木材表面留下一个孔径约 2.5～3mm 的贯穿型孔洞，因此严格意义上属于微损检测。

6.1.2.2　探针技术

（1）适用对象

① 活立木的木材密度检测。探针技术可以快速、无损地检测活立木的木材密度，适用于大规模取样。

② 名树古木的生长和损坏情况检测。探针技术可用于检测名树古木的生长状况和损坏情况，为保护措施提供依据。

③ 矿柱及木制电线杆的损坏情况检测。探针技术可以检测矿柱及木制电线杆的损坏情况，适用于材种的选取和分级（丁显印等，2020）。

（2）测量方法

探针以预先设定好的能量射入木材中，通过射入的深度分析木材的密度。具体而言，当木材的质地更为致密时，其纤维结构排列紧凑，对探针的阻碍作用增强，因此探针的射入深度会相对较浅；相反，若木材质地疏松，纤维间隙较大，探针则能较为轻易地穿透，表现为射入深度较深（Yasuda et al.，2021）。

该方法不仅为评估木材的整体材质性能提供了有力的数据支持，还能够有效识别木材中可能存在的缺陷，如节疤、裂纹或腐朽区域，这些缺陷通常会导致木材局部密度的异常变化，从而在探针测试中反映出不同的射入深度。

6.1.2.3 取木芯技术

（1）适用对象

① 活立木的年龄和生长情况检测。通过取木芯技术可以确定树木的年龄和生长速率，适用于林业分析和树木生长研究。这种方法不需要砍伐树木，不影响树木的正常生长。

② 木结构部件。检测古建筑木构件、木桥、电线杆等木结构部件的内部缺陷，如腐朽、虫蛀等。为木结构建筑的维修、保护提供数据支持，从而确定是否需要更换受损木构件。

③ 古树名木的健康状况检测。对于古树名木的保护和研究，取木芯可以帮助评估树木的内部缺陷和健康状况，尤其是在树木内部可能存在空心或腐朽的情况下（Caetano-Andrade et al.，2021）。

（2）测量方法

在对树木测量时通常采用生长锥法，生长锥是一种专门设计用于方便取树芯的工具，不需要砍伐树木，不影响树木生长（常晨等，2020）。使用时在树木的胸径处（距地面 1.3m）钻取木芯，当钻孔器穿透树干 2～4cm 时，建议停止用力推送，以张开的手掌简单地画圆转动手柄，直到钻孔器抵达需要的深度。钻孔深度通常深入树干中心。在整个钻孔过程中，保持钻头的垂直度，以免木芯产生裂纹或断裂。钻入树干 1/2 直径后，取出木芯可以看到心材、边材和树皮。取出后对木芯进行清洁，直至可以清晰辨别年轮。进而根据年轮数确定树龄，并将木芯样本送往实验室分析，以评估木材的各种性质。这种方法能够提供非常精确的木材内部信息。图 6-4 为生长锥的使用步骤。

在进行木结构部件检测时，由于测量对象的不同，测量方法也有所调整，重点应在于评估结构性能和诊断潜在问题，同时最大限度减少对木结构的破坏。在测量前，可以采用超声波等无损技术对木部件进行初步评估，以确定受力点与关键位置，同时避免对承载集中点的破坏。在工具准备时，要选择更为微小的钻头与精度更高的取芯器，同时准备密封材料以用于封堵取芯孔，最大

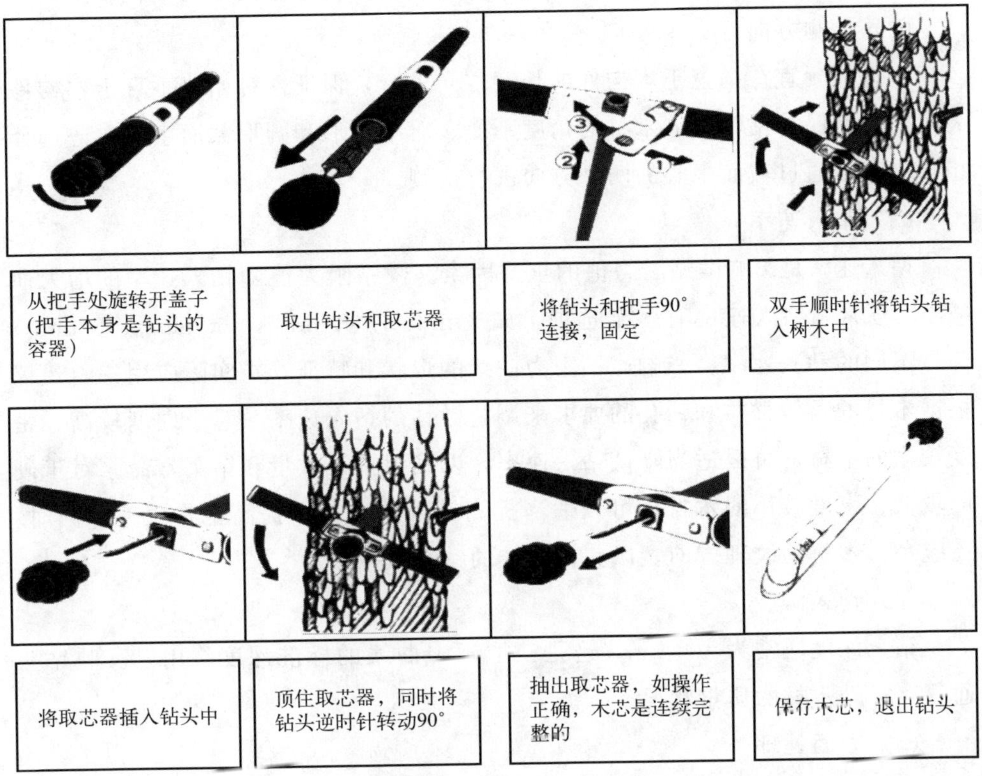

图 6-4　生长锥的使用步骤

程度地减少对木部件的损害。在进行钻孔时，应尽量贴近较为隐蔽的位置进行，以减少对整体木部件的美观的影响。同时钻取应沿木纹方向（通常与柱子的轴线平行）且其深度根据分析需求，一般不超过木柱厚度的三分之一。在完成钻取后尽快封堵钻孔，如使用与木柱材质匹配的密封剂或填充木塞。

6.2 测试条件与检测效果

6.2.1 微钻技术

6.2.1.1 测试条件

（1）设备要求

使用特制的微钻阻力仪，如德国 IML 公司生产的 Resistograph 等。这些设备能够以恒定的速率钻入木材内部，并记录钻入过程中的阻力变化。

（2）检测方向

木材检测宜在垂直于木构件的长度方向进行，保证探针始终垂直于木构件表面，同时保持钻针进入木材的角度不变。对于矩形和圆形截面木材，应选择相互垂直且通过截面中心的两个方向进行检测。

（3）钻入速率

钻入速率是影响微钻阻力值的重要因素。微钻阻力值随钻入速率的增大而减小。通常，钻入速率有多个选项，如 20mm/s、40mm/s、60mm/s、80mm/s等，不同的钻入速率会影响微钻阻力曲线的形状和特征，在实际应用中，建议根据木材的具体材质和钻孔的要求来调整微钻的钻入速率。对于硬度较高、密度较大的木材，可以适当降低钻入速率，以确保钻孔质量和钻头寿命。对于硬度较低、密度较小的木材，可以适当提高钻入速率，以提高工作效率。同时，还应考虑木材的纹理方向，以获得最佳的钻孔效果。

（4）钻入深度

钻入深度通常为 100mm，这是获取阻力曲线的标准深度，用以反映钻头通过路径处木材的质量状况。

（5）表面处理

在检测前应先去除木构件表面的装饰层，使木材待测表面外露，同时钻孔路径应避开其他材料区域（时小龙等，2017）。

6.2.1.2 检测效果

（1）阻力曲线分析

通过阻力曲线的变化，可以分析测定区域存在的缺陷情况与类型。无缺陷区的阻力曲线总体较为平稳、均匀；髓心或腐朽虫蛀区的阻力曲线相对阻力值明显下降；裂缝或空洞的阻力曲线中相对阻力值发生突降（Rivero-Menendez et al.，2019）。图 6-5 为微钻阻力检测对裂缝和腐朽的识别，从图中阻力曲线的衰减段可以直观得出在检测路径上裂缝或腐朽的具体分布和宽度。

（2）相关性分析

微钻阻力值与木材的密度、顺纹抗压强度、抗弯强度、抗弯弹性模量等材料性能参数均呈线性关系。其中，密度与横纹阻力值的相关性最高，而顺纹抗压强度与弦向阻力值的相关性最低（Yao et al.，2024）。

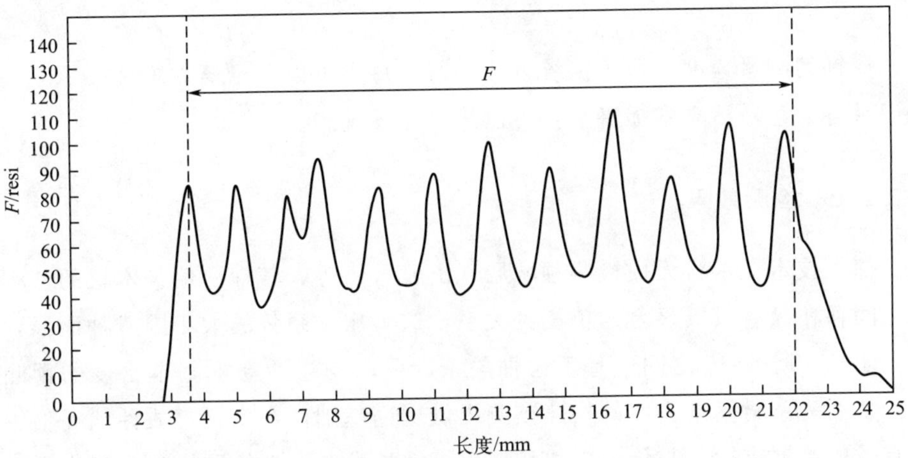

图 6-5　微钻阻力曲线

白晓彬等，2023；纵坐标中“resi”为德国生产 Resistograph-SC650 微钻阻力仪所定义的专用阻力单位，用于综合反映钻头在轴向推进过程中受到的轴向阻力与扭矩阻力的大小

通过上述测试条件和检测效果的分析，微钻阻力检测技术能够为木材无损检测提供准确的内部信息，对于评估木材的力学性能和内部缺陷具有重要价值。

6.2.2　探针技术

6.2.2.1　测试条件

（1）探测次数

为了确保测试结果的准确性，通常需要进行多次测试。但并非次数越多越好，一般建议进行 2 次探测，如果 2 次探测值的误差在 2mm 以内，则取 2 次探测值的平均值；如果 2 次探测值的误差大于 2mm，则需要进行第 3 次探测。

（2）探测位置

在活立木上进行测试时，通常选择在距离地面 1.3m 处探测。该位置与整株树木的木材密度有较强相关性，因此，作为探测位置较为合适（Jones et al.，2023）。探测时，需要剥去活立木少量外部树皮，有助于探针更好地进入。

（3）树木直径

不同直径的树木对探针探测冲击力的抗晃动能力不同，因此树木直径也应作为探针探测值的影响因子考虑在内（丁显印等，2020）。

（4）测量速度

探针的测量速度远快于传统方法，每天每人可以测量活立木 300～500 株，且记录容易，对活立木损害小，可以长年连续观测。

6.2.2.2 检测效果

探针技术在木材无损检测领域展现出显著优势，其探测值与木材的基本密度之间存在显著或极显著的负相关关系，这一相关系数的大小因树种而异，通常介于 0.45～0.65 之间。基于这种关系，可以构建活立木基本密度的预测模型，从而为木材基本密度的快速预测提供理论基础，在木材材质性状评估中提供有效的数据支持。与传统方法相比，探针技术在大规模取样时展现出了显著优势：其简便性、快捷性和经济性使得它在实际应用中更为高效。

6.2.3 取木芯技术

6.2.3.1 测试条件

（1）设备工具

取木芯需要使用树木生长锥或类似的钻孔工具，工具通常由坚硬耐用的材料制成，以确保在钻取过程中的稳定性。

（2）测试位置

通常选择树木胸高处（约 1.3m 处）进行测量，研究表明该位置的木芯样本与整株树木的木材性质有较强的相关关系。取出木芯的缺陷如木节、斜纹、裂缝等应在试验前标绘记录，并记录它们的位置和大小尺寸。

（3）样本处理

取出的木芯要先进行清洁，去除表面的杂质。需要在实验室环境下进行质量测量（在室内温度为 20℃±2℃、相对湿度为 65%±5%的环境中试验，不宜在露天环境中进行木结构试验），然后进行烘干处理以测量质量损失率（杨洋，申世杰，2010）。

6.2.3.2 检测效果

（1）质量损失率

通过测量木芯的质量损失率，可以评估木材的腐朽程度。质量损失率是反映木材性质的一个重要指标，它与木材的弹性模量和抗弯强度等力学性能显著相关（Diesel et al.，2014）。

（2）阻力损失与电阻率异常程度

在一些实际的应用中，结合微钻阻力仪和电阻断层成像（ERT）技术可以更准确地检测木材的内部腐朽。微钻阻力的下降幅度（阻力损失）与木芯质量损失率之间存在显著的线性相关关系，而电阻率异常程度与阻力损失之间存在显著的指数关系（Geladi et al.，2014）。

（3）腐朽区域的定量分析

通过结合阻抗仪和 ERT 技术，可以定量表征木材内部的腐朽情况。这种方法可以确定腐朽的位置和面积，得到的腐朽面积所占比例与木芯质量损失率有显著线性相关关系（时小龙等，2017）。ERT 检测对轻微腐朽很敏感，而阻抗仪检测对较严重的腐朽更加敏感，再结合处理后木芯的质量损失率可以更全面地反映活立木内部的腐朽情况，以及弹性模量和抗弯强度等力学性能。

综上所述，取木芯技术在木材无损检测中提供了一种直接评估木材内部质量的手段，尤其是通过结合其他无损检测技术，可以更准确地评估木材的内部腐朽和力学性能。

6.3　应用领域及研究进展

这三种技术在木材无损检测方面各有所长，微钻阻力检测技术适合于评估木材内部质量，探针技术在林木遗传改良和木材密度快速评估方面表现出色，而取木芯技术则在树木生长生理生态学研究和木材密度评估方面具有独特的价值。随着技术的不断进步，这些方法的应用领域和精确度将得到进一步的扩展和提高。

微钻阻力检测技术通过测量钻入木材时的阻力来评估木材的内部质量，如腐朽、裂缝、空洞等。能够提供关于木材内部状况的详细信息，且相比于传统方法，造成的损伤更小，更适合连续化生产。

探针技术是一种快速、无损的检测方法，可以替代传统方法进行木材密度的测定。近期研究表明探针技术探测值与木材基本密度存在显著的负相关关系，相关系数的大小与树种有关。并且探针技术在设备经济性及使用简易性上具有优势，尤其适用于大规模取样（Mori et al.，2024）。

取木芯技术能从一个更微观、更准确的角度探索树木内在生理过程及树木生长对外界环境的响应（郭霞丽等，2017）。年度年轮数据可以提高对气候变化影响的理解，更好地推测树木生长模式和碳储存的年度数据。研究表明，取木芯对树木生长和死亡率没有负面影响，可以考虑将树木取木芯纳入常规监测计划中。

6.4 本章小结

本章介绍了微钻、探针和取木芯木材无损检测技术基本概念及技术机理，三种方法都有其独特的优势和局限性，选择适合的检测技术通常取决于检测目的、木材类型，以及对检测精度和破坏性的要求。微钻阻力检测和探针检测更适合快速现场评估，而取木芯技术则能提供更详细的内部信息，但速度较慢且具有一定的破坏性。在实际应用中，这些方法可以单独使用，也可以结合使用以进行更全面的木材质量评估。

第7章
电阻及计算机断层成像技术

7.1 电阻断层成像技术简介

电阻断层成像（ERT）技术实际上是医学工程中电阻抗断层成像（EIT）应用的一种简化形式，是一种典型的无损检测方法，可间接测量物体内部电阻率分布。ERT 实现过程就是数据测量的过程和图像重建的过程，如何选择图像重建模型和使用何种图像重建算法一直是讨论的热点（刘唱，2020）。首先，使电流流过被测物体的表面，并在一定的约束下获取反映该物体的内部结构信息的边界测量数据。然后，使用相关算法进行图像重建，求得对象内部结构的电阻率分布图像。

7.1.1 基本概念与检测理论

电阻断层成像技术主要是通过测量边界电压获得物体内部电导率分布的非侵入式测量技术。不同物质的电导率一般不同，且同一种物质在不同部分的电导率也不同。当在被测量物体边界注入一定大小的电流后，会在被测场域内建立敏感场。当场域内物体电导率发生变化时，其边界电压也会发生相应改变。因此，通过测量被测物体边界电压即可得到场域内物体电导率变化情况。在此基础上，根据反演算法即可获得物体内部的电导率分布图，进而实现被测场域的可视化检测（张立峰等，2023；Vinciguerra et al.，2023；范妍洁等，2022；Yan et al.，2022）。

对物体边界电压进行测量，通过反演算法进行重建，其求解可以分为正问题和逆问题。正问题指的是当被测场域一定时，对被测物体添加一定大小的激励电流，形成电场，计算被测物体内部电势分布。逆问题为已知物体边界电压，求解被测场域电导率分布，得到被测场域的特征图像。

电阻断层成像技术原理如图 7-1 所示。

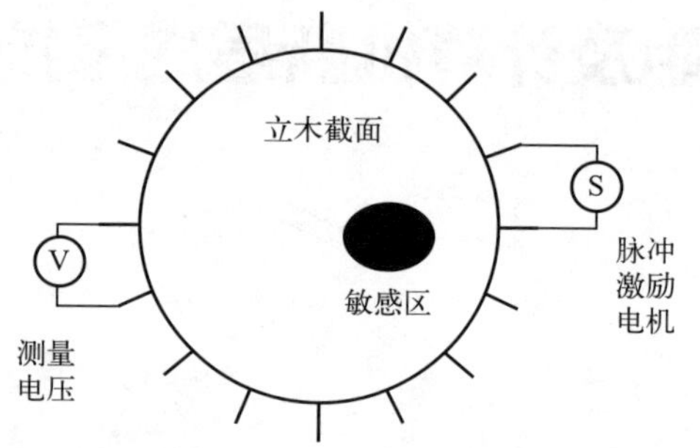

图 7-1 电阻断层成像技术原理

7.1.2 测量方法与适用对象

（1）木材试件选取及试验设备

选取直径 φ 为 250～350mm，高度 h 为 300mm，且木材中有一定的腐朽、孔洞等缺陷的林木原木圆盘为试样。

试验主要设备：PiCUS Tree Tronic 型树木电阻断层成像仪（图 7-2）。

图 7-2 树木电阻断层成像仪

（2）测量方法

① 传感器安装。先在原木试件四周等距离钉入 8～16 枚镀锌钉，后将仪

器正负电极按序号沿顺时针方向依次交错夹在镀锌钉上，电阻断层成像仪的传感器通过镀锌钉与木质部紧密结合。

② 仪器相关参数设置。打开仪器进入测量模式，设置原木周长、电极数量、两个测量电极间距离。

③ 数据测量。完成相关参数设置返回至主菜单，再点击“measurement”开始进行测量。为减少误差，每回都至少进行两次测试，观察两次仪器上显示的电流柱状图，如果两次有差异，必须进行第 3 次测试以确保试验数据稳定可靠。

④ 测量数据处理。通过仪器特定的 PiCUS 软件算法计算出横截面内离散网格化后每个点的电阻值，并通过数字图像处理使不同值赋予不同的像素后输出，获得 ERT 检测的木材试件电阻断层图像。

7.1.3 测试条件与检测效果

(1) 不同含水率对电阻的影响

① 不同含水率测试条件。选取 φ 为 312mm，h 为 300mm 的山杨原木圆盘为试样，如图 7-3 所示。圆盘靠近中心位置有约直径 30mm 的深褐色腐朽，气干质量为 2.425kg。

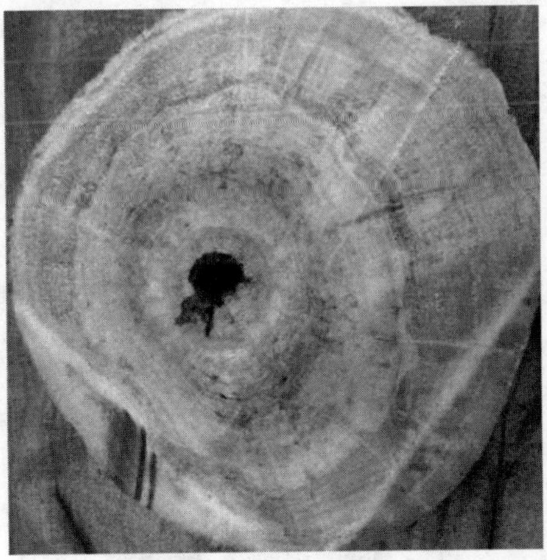

图 7-3 山杨原木圆盘试样

将干木材试样放入水中浸泡至饱和状态。用鼓风干燥机对试件进行烘干处理，以此调整试样含水率。每次测量试样含水率时，分别称量试样测试前、后的质量，取其平均值作为该次试验过程原木试样的湿材质量，记为 m。待所有试验结束后再将试件放置在鼓风干燥机中干燥至恒重，用电子秤称重记为试样绝干质量（m_0），由此，木材腐朽后的含水率 M 可用式（7-1）计算。

$$M=\frac{m-m_0}{m_0}\times 100\% \tag{7-1}$$

式中 M——试件的含水率；

m——试样测试时的质量，kg；

m_0——试件的绝干质量，kg。

② 不同含水率条件 ERT 成像效果。不同含水率下木材试件测得的二维电阻图像如图 7-4 所示。

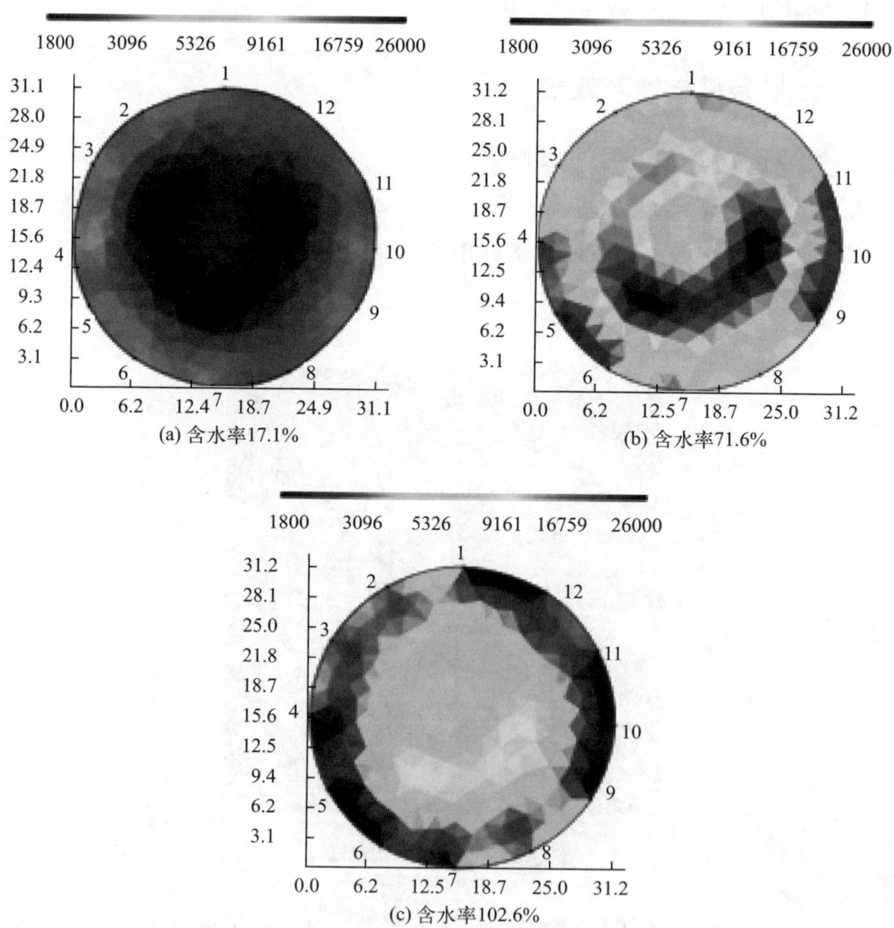

图 7-4 含水率为 17.1%、 71.6%、 102.6%的山杨木材试件电阻断层成像图（见封三）

从图 7-4 中可看出，从深红到深蓝相应的电阻值从大到小变化，在每个图像最上方标有电阻值变化范围指示条，这样能够直观地看出材质情况。从不同含水率的电阻断层成像中可看出，含水率越高，试件的整体电阻越小。而在木材内部由于水的分布不同，其电阻大小情况不同，且木材试件腐朽处与周围木质有较明显的分界。也就是说，断面图像是木材内部电阻变化的直观表现，而电阻大小则是图像颜色变化的原因所在。

（2）电极对电阻的影响

① 不同电极数量测试条件。选取 $\varphi=260\text{mm}$，$h=300\text{mm}$ 的大青杨原木作为试验材料。如图 7-5 所示，在原木试样中存在直径约 30mm 的圆形孔洞缺陷。

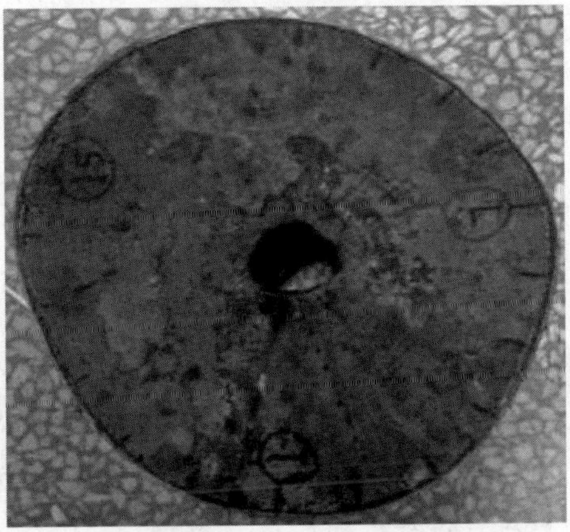

图 7-5　大青杨原木试样

先将试件置于干燥箱中干燥，测得绝干质量为 2.028kg，然后放入水中充分浸泡，直至绝对含水率达到 120%后从水中取出，在空气中放置至含水率基本稳定后开始快速测量。在试件断面四周分别钉 8 个、12 个、16 个镀锌钉（为避免其他因素影响，所有电极皆均匀布置），将仪器对应序号的电极依次夹在镀锌钉上并设置相关参数，完成测量。

② 不同电极数量 ERT 成像效果。随着电极数量的增加，测得的电阻最小值和最大值在整体上逐渐减小，极差也逐渐减小。由检测图像可发现，任意电极数量下，虽然均布间距不同，但是相邻电极间的三角形单元都是 12 个，因此，原木最外侧的三角形单元个数和电极数量成正比。三角形单元划分得越多越精细，结果就越精确。

7.1.4 应用领域与研究进展

电阻断层成像技术在医疗、地质以及木材的无损检测领域有着极为重要的应用研究价值。

国外对木材电学特性的研究较国内要早。Hiruma 在 1915 年首次对木材的电学特性进行了研究，通过实验发现木材电阻值随着自身含水率增大而减小（Hiruma，1915）。

1926 年，Hasselblatt 研究了桦木电阻与含水率的关系，结果发现含水率在纤维饱和点以下时，木材电阻的对数值与含水率之间存在线性相关性，而这种关系在纤维饱和点以上则不明显（Hasselblatt，1926）。1927 年，Stamm 通过测定木材电阻有效地检测出了木材的含水率，并验证了该方法在不同温度、密度、树种及矿物成分等条件下测量木材含水率的可行性（Stamm，1927）。1963 年，Brown 等通过检测木材在不同温度、湿度条件下的导电性能，研究了木材的导电机理，观察了木材的离子和电子数量随温度变化的情况，认为木材导电是离子导电而不是电子导电。

随着对木材电阻的研究发展，有研究者开始探究木材电阻与其内部腐朽的关系。1972 年，Tattar 等对腐朽木材电阻变化进行了研究，发现活立木变色和腐烂过程中的电阻减少的重要原因是木材腐朽后金属离子增加（Tattar et al.，1972）。1974 年，A. L. Shigo 和 A. Shigo 研制了一款名为 Shigometer 的电阻检测仪用来检测立木中的腐朽和变色（Shigo A L，Shigo A，1974）。

随着 ERT 技术的兴起，其应用领域从医疗、地质逐渐发展到农林。1998 年，Just 等首次将 ERT 技术应用到立木检测中。2003 年，Nicolotti 等利用 ERT 技术得到了立木树干的电阻图像，并根据图像大致确定了腐朽位置（Nicolotti et al.，2003）。此后，德国学者研制出一款叫 PiCUS Tree Tronic 的专门用于木材检测电阻断层成像仪，并得到广泛的运用。

2012 年，Lin 等通过传统木芯法确定了心、边材实际分界位置，之后通过 ERT 技术获取该位置的电阻值，并根据 ERT 图像的最大和最小电阻值计算了边界电阻值，结果表明二者之间存在显著的正相关关系，并得出 ERT 技术是一种确定心、边材位置的有效方法的结论（Lin et al.，2012）。2018 年，Edouard 等分别利用木材染色法和 ERT 技术测定了立木的边材宽度，使用二者作为自变量预测立木的叶面积，结果表明 ERT 图像的预测准确度远高于木材染色法。

国内对于木材电阻特性的研究开始较晚。1988 年，邱树清介绍了一款能够进行温度补偿的电阻式木材含水率测试仪（邱树清，1988）。1993 年，刁秀明和孙品研究了电测含水率计与木材电学性能的关系（刁秀明，孙品，1993）。1994 年，宋蛰存等研究了细胞活性对木材电阻和含水率测量的影响（宋蛰存等，1994）。2002 年，杜洪双等研究了柞木干燥过程中的木材电阻率与温度、含水率之间的关系（杜洪双等，2002）。2004 年，戴明远分析了利用电阻法测量木材含水率的检测原理和测试原理（戴明远，2004）。2012 年，徐华东利用电阻式含水率测试仪在立木纤维饱和点以上的读数，通过最小二乘法建立线性回归模型，来估测立木的真实含水率（徐华东等，2012）。

在木材无损检测方面，徐速、吴华桥等将 ERT 技术应用于立木树干中水分分布和移动的研究，通过测量电阻值分析立木中的树液流动情况，经过反演计算获得了立木截面的二维电阻图像，从而分析降雨、昼夜变化等因素对于立木中水分变化的影响（徐速等，2006；吴华桥，2009）。2016 年，王玉婷等研究了温度和活立木含水率及含冰率的关系（王玉婷等，2016），并根据 ERT 仪器校核试验结果，构建了温度-含水率-含冰率之间的数学模型。2017 年，岳小泉运用电阻断层成像、应力波及微钻阻力法得出电阻法对早期腐朽比较敏感，而应力波法在腐朽程度稍微严重时检测结果较为准确，阻抗仪法对不同腐朽程度的检测结果都较为准确，且在腐朽程度严重时最为准确的结论（岳小泉，2017）。同年，时小龙等使用微钻阻力法和电阻抗断层成像法对红松内部的腐朽情况进行定量检测，结论表明相比于 ERT，阻抗仪能够准确测量红松活立木一维直线方向上的腐朽情况，而 ERT 能够检测木材在二维截面上的腐朽情况。对于轻度腐朽 ERT 检测更为有效，而阻抗仪检测更适用于较严重的腐朽。阻抗仪和电阻断层成像技术相结合能够确定腐朽的位置和面积的结论（时小龙等，2017）。

总的来看，研究者对 ERT 技术在农林领域的应用在近十几年里有着较多研究，尤其将 ERT 技术用于木材的含水率及内部缺陷的研究。

7.2　计算机断层成像技术

计算机断层成像技术也叫计算机层析照相技术，简称为 CT，是计算机与 X 射线技术相结合的产物，是一种重要的非侵入成像和检测技术，它根据穿过目标的射线或波的衰减和相互作用，通过算法对目标内部的结构进行重建。它的产生首先得益于1895年伦琴发现X射线，然后在20世纪60年代美国物理学家Cormack将奥地利数学家Radon的原理应用到医学领域，为医用CT扫描仪的发明奠定了基础。经过不断革新和发展，该技术的应用范围也从医学诊断和治疗，扩展到工业无损检测与考古检验等重要领域。近些年来，为了提高木材的良品率和利用率，世界多国研究自动检测和识别木材缺陷的CT技术，以便从新的角度检测和辨别木材缺陷，同时结合数字图像处理技术，提高木材缺陷检测效率（Hagman，Grundberg，1995；van den Bulcke et al.，2008）。

7.2.1 基本概念与检测理论

计算机断层成像（CT）技术的基本原理是：由X射线发射器发射X射线束穿过待测木材，部分X射线束会被吸收和散射，从而出现能量衰减，剩余X射线束能量继续沿原路径传播直至被探测器接收。图7-6为CT扫描示意。

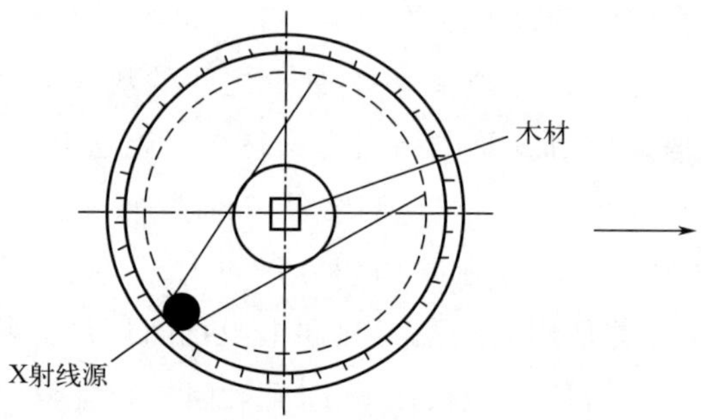

图7-6 CT扫描示意

由于待测木材厚度和密度不一致，所以X射线的衰减值也不同，探测器接收到衰减后X射线信号，经光电变换及模数转换器转化为数字信号，即CT值（投影数据），然后利用图像重建算法经计算机重建出该断层图像（高鑫，2003）。

7.2.2 测量方法与适用对象

（1）木材试件选取及试验设备

选取直径 φ 为250～350mm，高度 h 为300mm的红松原木作为试验试样。

试验主要设备：飞利浦公司的 Philips Brilliance 64 通道螺旋 CT 扫描仪（图 7-7），扫描电压的可调范围为 80～180kV。

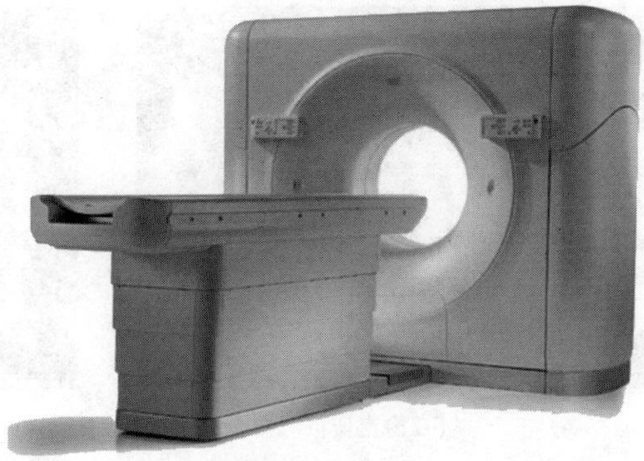

图 7-7　CT 扫描仪

（2）测量方法过程

首先确定并设定 CT 扫描仪扫描参数，开始对木材试件进行扫描拍摄，获取 CT 图像，后续在计算机中对 CT 图像进行滤波降噪处理，得到较为清晰准确的图像，最后通过计算机将木材试件扫描影像导出。

（3）CT 扫描仪扫描参数设定

① CT 管电压、管电流设定。管电压指 X 射线管两端的电压，它影响 X 射线的能量和穿透力。常见的设置范围是 70～140kV。管电流是指 X 射线管中电子流的强度，它影响 X 射线的产量。常见的设置范围是 5～667mA。

② 扫描层厚设定。层厚是指扫描时每一层的厚度，影响图像的层间距和覆盖范围。常见的设置是 2.5～10mm，如重建图像的层厚设为 10mm。

7.2.3　测试条件与检测效果

（1）不同窗口 CT 图像

① 不同窗口设置条件。窗口设定是调整图像对比度和亮度的重要步骤，一般分为窗口水平、宽度、亮度、对比度等，各类参数对于提高图像质量和诊断准确性至关重要。因此改变 CT 扫描仪的窗位及窗宽设置值，对试样进行扫描，得到不同窗口参数下的 CT 图像。

② 不同窗口 CT 图像。从图 7-8 可看出，不同的窗口设置木材试样 CT 图像扫描结果差异较大。因此，合理设置窗口参数是获取木材清晰有效的 CT 图

像的重要环节。7.2.2小节中所给出的窗口参数是研究者在对多种木材进行试验研究过程中得出的对大多木材较为适用的窗口范围值。

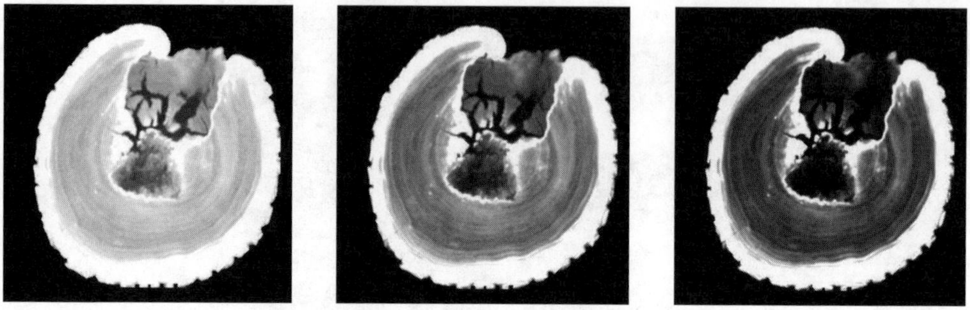

(a) 窗宽过小、窗位过低　(b) 窗宽窗位选择合适　(c) 窗宽过大、窗位过低

图7-8 不同窗口CT图像

（2）不同含水率CT图像

① 不同含水率测试条件。选取直径 φ 为300mm，高度 h 为300mm的红松原木进行试验。先将干木材试样放至水中浸泡至饱和状态。用鼓风干燥机对试件进行烘干处理，以此调整试样含水率。每次测量试样含水率时，分别称量试样测试前、后的质量，取其平均值作为该次试验过程原木试样的湿材质量，记为 m。待所有试验结束后再将试件放置在鼓风干燥机中干燥至恒重，用电子秤称重记为试样绝干质量 m_0。木材含水率 M 根据公式（7-1）计算。

② 不同含水率CT图像。由图7-9可以看出，试件含水率越大，木材CT图像越发白。因此，木材CT图像可以反映其含水率特征。通过图像进一步细化处理可得出其与含水率的相关性，从而能够检测出木材含水率。

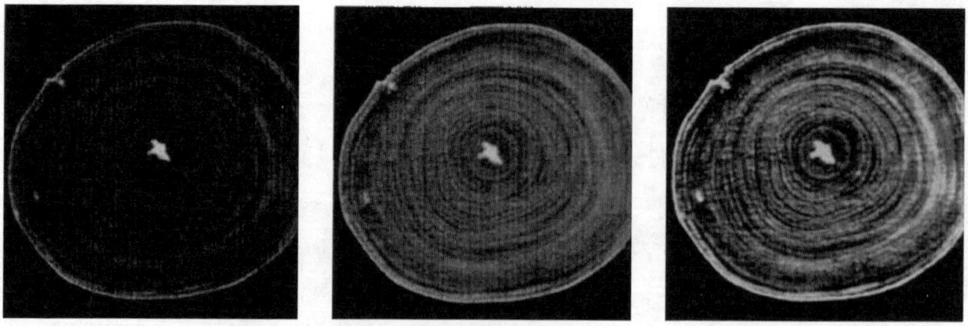

(a) 16%　(b) 30%　(c) 78%

图7-9 含水率分别为16%、30%、78%下的CT图像

7.2.4 应用领域与研究进展

计算机断层成像（CT）技术在医疗、工业、农业等众多领域有着广泛的应用。在医疗方面，其主要用于检测人体的病变位置。在工业中则用来检测和评价铸件以及焊接结构的质量。在林业中主要用来测量树木的年轮、虫蛀等情况。

计算机断层成像技术起源相对较晚。1895年，德国匹兹堡大学教授伦琴在研究阴极射线时，发现了一种人眼看不见，但却能在漆黑的地方穿过不透明的物体进行照相的光线，并取名为X射线（Harding G，Harding E，2010）。1917年，奥地利数学家拉顿（J. Radon）理论上证明了三维物体能够以它的投影的无限集合来唯一地重建图像，奠定了反投影重建的图像基础，建立了卷积滤波背投影的数学理论。1956年，Bracewell首次把Radon数学方法应用到射电天文学，发明了射电天文望远镜。1963年，美国物理学家Cormack和英国电子工程师Hounsfield提出了层析原理（侯淑莲，谢寰彤，2007）。1972年，Hounsfield和Ambrose在芝加哥北美放射学会（RSNA）年会上宣读了关于计算机侧层析摄影（computed tomography，CT）的一篇论文，并向世界宣布了CT的诞生。CT机的发明震动了医学界，被认为是自X射线发现以来放射诊断学上的最主要成就。

由于CT成像技术具有直观准确、图像分辨率高等特点，在木材检测中也得到了广泛的应用。国外在20世纪80年代末开始应用CT对木材进行物理性质的检测，Lindgren通过应用CT设备及传统的物理实验手段拟合得到木材密度和含水率分布情况（Lindgren，1991）。1995年，P. Jacobs将CT技术应用到木质材料和古建筑物的检查当中（Jacobs et al.，1995）。

国内利用CT对木材进行检测的研究开始得较晚，整体仍处于起步阶段。南京林业大学的一个研究小组进行了国内传统珍贵阔叶木材CT检测的研究，并对木材内部缺陷识别算法进行了研究，取得了一些成果（丁建文等，2006；业宁等，2006；徐兆军等，2005a；徐兆军等，2005b；陈雷，2006）。一些林业研究者在木材CT图像处理、缺陷识别、三维重建算法以及木材物理特性测定方面展开了一些研究（韩书霞等，2007；于雷，戚大伟，2006）。彭冠云采用CT技术无损检测木材、竹材结构特征，建立了木材、竹材密度与其CT值关系的数学模型，研发了基于CT图像的人工林杉木（Cunning ham ia lanceo la ta）

原木髓心、心边材以及年轮的算法，首次利用技术成功获取了竹子节部的微观维管结构并把CT技术引入人造板结构与性能检测（彭冠云等，2009；彭冠云，2009）。孙天用等采用应力波和X射线CT成像两种方法对多种木材进行检测。试验表明，CT成像效果远优于应力波法，其检测出的腐朽区域形状不但与实际较吻合，还能够根据图像辨别出腐朽缺陷的严重程度。

7.3 本章小结

本章介绍了电阻及计算机断层成像两种木材无损检测技术原理，简单阐述了用于木材无损检测的常用设备和测试方法以及测试效果，并对两种技术的应用领域及研究进展做了概述。

不断探寻木材无损的新测试原理和新测试方法，通过学习其他领域先进的无损检测方法，提高木材无损测试方法的可靠性、时效性、准确性，是今后发展木材无损检测的重要方向。

第8章
波谱分析技术

8.1 高光谱（电磁波谱）技术简介

电磁波是一种能量形式，其中无线电波、红外线、可见光、紫外线、X射线、γ射线都是电磁波的形式。电磁波是通过电场和磁场的振荡而产生的，因此其重要特性之一就是频率，频率越高，波长越短，频率越低，波长越长。把这些电磁波按照其波长或频率的大小顺序进行排列，就是电磁波谱。其中，无线电波的波长是3000～10^{-3}m，微波的波长是1～10^{-3}m，二者略有交叉，红外线的波长是1000～0.8μm，可见光波长是800～400nm，紫外线波长是400～10nm，X射线的波长是10～10^{-3}nm，γ射线是10^{-1}～10^{-5}nm。

波谱分析是基于物质与电磁波相互作用时，通过检测物质发生能级跃迁而产生的发射、吸收或散射电磁波信号进行分析的一类分析方法。一般波谱分析法主要包括红外波谱、紫外波谱和核磁共振等方法，目前在无损检测方面有着巨大的应用潜力（Tiwari et al.，2017）。

8.1.1 基本概念和检测理论

高光谱成像是指在电磁波谱的光谱波段获取高的光谱分辨率的图像信息的过程，其理论基础是利用电磁波谱对被测物特性进行分析并以成像的方式对被测物的光谱特性进行研究。它可以同时获得被测物体的光谱信息和图像信息即图谱合一（周竹等，2015），并对光谱维度进行细致分割，可在数百个连续的光谱波段对目标区域同时成像，光谱分辨率（可以被探测的最小波长间隔）可达nm级。其与传统波谱成像的区别如表8-1所示。

表 8-1　高光谱与传统波谱的区别

类别	传统光谱	高光谱
波段数	少	非常多
分辨率	＞100nm	一般 10～20nm，个别达 2.5nm
图谱	分离	合一
通道是否连续	不连续	连续

使用高光谱成像技术对物体进行检测时，不会破坏检测样品，如在检测木材特性及树表面和内部变化时，不需要对样本进行预处理，操作简便，分析效率高，便于实现实时分析并开发出准确的预测模型（Schimleck et al.，2019）。它能够给出各个波段上每个像素的光谱强度数据，在一些对光谱和图像分辨率要求较高的领域显示出不可替代的作用，在木材及其制品无损检测领域也有着巨大的研究潜力。现有高光谱成像系统的成像光谱范围包括 400～1000nm、900～1700nm 和 1000～2500nm 这 3 个标准光谱波段（周竹等，2015）。

8.1.2　适用对象与测量方法

基于高光谱图像的无损检测系统主要包括硬件平台（高光谱图像的采集）和软件数据处理（高光谱图像数据分析）两部分。

8.1.2.1　高光谱图像的采集

（1）装置

使用高光谱成像技术采集样品的光谱信息时，有相对固定的装置。一般来说，有 CCD 相机、成像光谱仪、镜头、光源、光源控制器、可调载物台、暗箱以及查看图像的计算机，如图 8-1 所示。

该装置的使用方法如下：将样品置于可调载物台上，在计算机上调整好参数，开始扫描，样品以一定的速度匀速通过镜头下方。将光源发出的光投射到样品表面后，样品的表面和浅层将吸收和反射一部分光子，反射的光子聚合后进入成像光谱仪，由 PGP 分光器件获得不同波段下的反射线，作用在成像光谱仪的 CCD 相机上。

根据光源和光谱相机的摆放位置不同，可分别获得反射光谱图像、透射光谱图像、荧光光谱图像等不同类型的光谱图像，这些光谱图像可分别应用于不

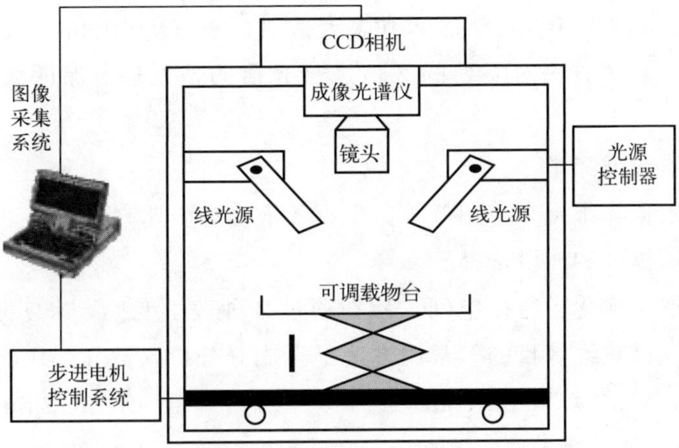

图 8-1　高光谱成像系统示意图

同类型的样品检测。从各图像提供的信息类型看，反射光谱提供待测物表面特征的信息因此适用于固体表面；透射光谱提供待测物内部化学信息成分因此适用于透明、半透明的物体；而荧光光谱适用于能发射荧光的物质内部特定化学成分的信息的情况。有时也会对一个样品进行多种光谱图像的检测并对比，以期求得更准确完整的结果。

（2）采集方式

高光谱图像的采集方式包括逐点扫描式、线推扫式以及面帧式等。

逐点扫描式能获取检测对象单个像素点的光谱信息，通过移动光谱摄像机或检测对象，获取多个像素点的光谱信息；线推扫式是点扫描式的拓展，借助光谱摄像机和检测样本之间相对运动实现对样本检测线垂直扫描，能够获取检测对象在对应条状空间中每个像素各个波长下的谱图信息；面帧式是摄像机对不同波段进行光谱扫描的同时通过焦平面成像系统获取样本空间二维图像数据，从而获取各波段光谱图像，可以获取样品单个波长下完整的空间信息，适合移动状态下现场检测系统需求。目前，应用最多的是线推扫式。

8.1.2.2　高光谱图像数据分析

（1）光谱数据预处理

在收集光谱信息时，实验环境、随机噪声、样品表面不均等因素，会导致收集到的光谱包含一些无用的信息（王承琨，赵鹏，2020）。这时可以通过 Savitzky-Golay（SG）平滑算法（Chen et al.，2013）、标准正态变量变换（standard normal variate，SNV）和多元散射校正（multiplicative scatter correction，MSC）等方法对需要的区域进行光谱的预处理，保证数据选取的有效性。

（2）光谱数据降维

高光谱数据降维是为了用低维数据有效准确地表达高维数据，方法主要分为两类：特征提取和波段选择。

特征提取是优化了特征空间，旨在通过某种数学变换，来实现信息综合、特征增强和光谱减维等目的。常用方法是主成分分析（principal component analysis，PCA）法（Chen et al.，2010）、回归系数（regression coefficient，RC）法和连续投影算法（successive projections algorithm，SPA）等。

波段选择是简化了特征空间。主要是选择光谱特征空间中的某一子集，该子集尽可能多地保留了被测样本的主要光谱特征，且若在一个包含多种目标对象的组合中，能最大限度地区别于其他样品的光谱。

（3）建立模型

对经过预处理和数据降维后的光谱数据，建立偏最小二乘判别分析（partial least square-discriminant analysis，PLS-DA）和非线性支持向量机（non-linear support vector machines，non-linear SVM）判别分析模型等数据模型，以进行定性定量分析。

8.1.3 测试条件与检测效果

8.1.3.1 光谱与光源

光谱波段的选择取决于应用需求。常见的光谱范围包括可见光（400～800nm）和近红外（800～2500nm）波段。对于木材分析，通常选择近红外光谱，该光谱成像下允许使用简单、快速、无损、特异性、提供指纹图谱的实时分析方法，用于分析不同状态的分子（Rohman et al.，2020），因此它能够有效地反映木材的化学成分、结构和水分含量。同时需要确保系统具有足够的波段分辨率（通常为数十到几百个波段），以便详细捕捉光谱数据中的细节。

而选择均匀的光源对于数据的可靠性至关重要。常用的光源包括氙灯、卤素灯或 LED 等，能提供稳定的宽光谱照明。同时应确保光源和被检测样本之间的照射角度一致，以避免因角度变化导致的光谱差异，在采用反射光谱进行检测时尤其需要调整入射角，一般而言，测试角度应保持一致，以确保数据的一致性和可比较性。常见的角度为 30°～60°，适合检测木材表面的反射特性。而在木材分析时，在避免过度照射的同时也应保证光源的光谱覆盖面。

8.1.3.2　样品扫描与环境条件

待测的样品种类多样，有木材、钢材、复合材等。以木材为例，被测试的木材样品应保持均匀性，确保光谱数据不受样本局部差异的影响。样本的表面应平整且无明显裂纹或污点，以免干扰光谱信号。而样本的尺寸应符合设备的测试要求。对于大面积的木材，测试区域的选择至关重要，可能需要多个区域的扫描。

扫描方式有点扫描（point scan）、线扫描（line scan）和区域扫描（area scan），如图 8-2 所示。对于木材的表面缺陷检测，通常采用线扫描模式，逐条扫描木材表面来获取光谱数据。并在扫描结束获得每个光谱像素后，利用算法将图像重建并生成三维（即空间、波长、反射率）数据集。

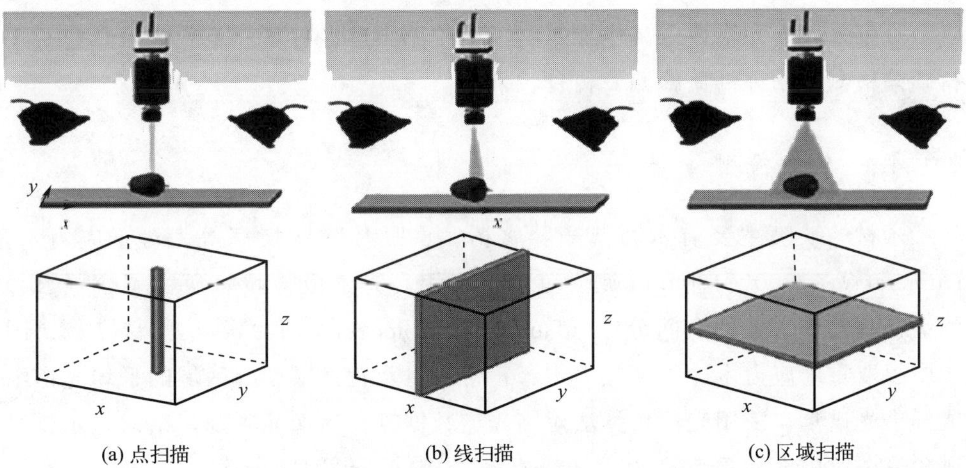

图 8-2　高光谱图像扫描模式

在木材等材料的光谱扫描中，SNV 是一种常用的光谱预处理方法，主要用于消除光谱数据中的散射效应，尤其适用于反射光谱中。但检测环境中的温度和湿度会通过影响木材含水率，对其近红外（near-infrared，NIR）光谱响应产生显著影响，导致不同含水率条件下的平均 NIR 图谱特征参数出现显著漂移（Kobori et al.，2013），如图 8-3 所示。由此可得在相对恒定的温湿度环境中进行测试是必要的。同时背景噪声或环境光源变化可能会影响光谱数据的质量，因此需要控制背景干扰并使用合适的背景光屏蔽设备。

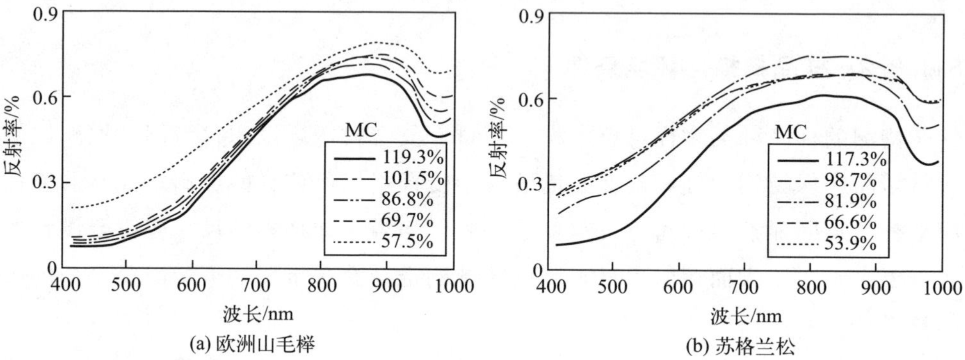

图 8-3 各种含水量（MC）的欧洲山毛榉和苏格兰松的平均 NIR 反射光谱

（Kobori et al.，2013）

8.1.4 应用领域及研究进展

近年来，高光谱成像技术在木材无损检测中已经有了一定的应用，包括木材缺陷检测、物理性质检测及树种识别等。

8.1.4.1 缺陷检测

木材的缺陷主要有木材节子、腐朽、虫眼及其他疾病等。对于应力木，Duncker 等在 400～1000nm 波段范围内应用高光谱成像技术研究了挪威云杉圆盘横截面应力木的空间分布（Duncker，Spiecker，2009）。从圆盘高光谱图像中提取重度应力木、中度应力木、正常木以及背景或裂缝区域的平均光谱组成标准光谱集，采用光谱角算法对高光谱数据进行逐像元判别，结果显示：光谱角算法对中度和重度应力木的分类效果较好，识别准确率为 91%。而在工程木产品如交叉层压木材（CLT）的无损检测中则使用了高光谱成像和机器学习相结合的方法对其材料特性进行细分，并对其存在的缺陷和性质进行合理分类。

8.1.4.2 物理力学性质检测

含水量和密度是木材物理力学性质评价的关键指标。由于木材的异质性、复杂性等特性，使得模拟木材的湿热耦合一直存在一定的困难，但通过高光谱成像与有限元分析（FEA）方法相结合可以得到较为真实的仿真模型（Zeng et al.，2024）。

8.1.4.3 树种识别

在利用高光谱数据进行树种识别时，波段冗杂，导致数据较多，选择提取适当的特征光谱的方法至关重要。在传统方法中，首先对不同高光谱图像进行降维处理，随后利用各类方法提取光谱中的特征，最终将这些特征与各树种对应并实现分类（王志辉，2011）。也有一种创新方法，首先在提取特征时选择波长在 372.52～1038.57nm 之间的红外光/可见光的光谱，然后对提取到的特征进行平滑处理，最后与机器学习技术相结合得到部分树种识别结果（王承琨，赵鹏，2020；赵鹏等，2021）。

8.2 微波（雷达波）技术简介

微波（microwave）是指频率为 300MHz～300GHz 的电磁波，是无线电波中一个有限频带的简称，即波长在 1mm～1m 之间的电磁波，是分米波（频率为 300～3000MHz）、厘米波（频率为 3～30GHz）、毫米波（频率为 30～300GHz）的统称。由于微波的频率很高，所以也叫超高频电磁波。

8.2.1 基本概念和检测理论

微波检测法是在不破坏材料性能和使用效果的前提下，利用材料在电磁场下对微波的吸收与材料本身介电常数的关系，测定材料电磁波电学性质的变化规律，进行材料性质的分析和内部缺陷的检测。具有不需要直接接触待测样品的优点。

在微波无损检测中，微波与被检材料（介质）相互作用，介质的电磁特性和对微波场的影响，决定了微波的分布状况、幅值、相位、频率等基本参数的变化。该技术评价依据主要有两方面：一方面是微波传播变化，如反射、散射、折射等；另一方面是被检测材料本身的电磁特性的变化，如损耗角正切、介电常数等。通过测量这些基本参数的变化，即可判断被测材料表面或内部是否存在缺陷。其原理是，当电磁波在介质材料内部传播时，与微小颗粒或者不均匀介质相互作用会产生散射现象。若将待测材料中的缺陷如气孔、缝隙等设定为散射源，那么由于散射现象的发生，正常的微波信号应该大于有缺陷部位的微波信号。通过测量反射系数，对比分析其数值差异可定位裂纹的位置（Radwan et al.，2021）。

8.2.2 适用对象与测量方法

微波无损检测的方法主要有穿透法、反射法、散射法等。这些方法都是通过接收微波，用波束幅值或相位的变化来推断被检测物品有无缺陷，可用于气孔等内部缺陷的检测，也可以反馈被测样品的密度、湿度、化学成分等理化信息。

8.2.2.1 穿透法

穿透法的核心原理，是利用微波在材料内部传输时，会依据材料内部状态与介质特性差异，产生散射、透射和部分反射等变化，从而获取待检结果。

以木材检测为例，当微波穿透直径为 X 的木材时，会呈现出一系列物理特性改变：微波幅度产生衰减，相位发生偏移，传播速度明显变慢。并且，由于木材内部状态（如是否存在虫蛀、腐朽等缺陷）和特性（密度、含水率等）的不同，透射信号的幅度、相位或速度的变化情况也会相应不同。检测人员通过分析这些变化，就能精准判断木材的内部状况。

微波穿透法检测系统框图如图 8-4 所示，将发射和接收天线分别放在试件的两边，通过检测接收的微波相位或幅值的变化，即可得到被检测对象的物理参数信息。按入射波类型不同，穿透法可分为三种形式，即固定频率连续波、

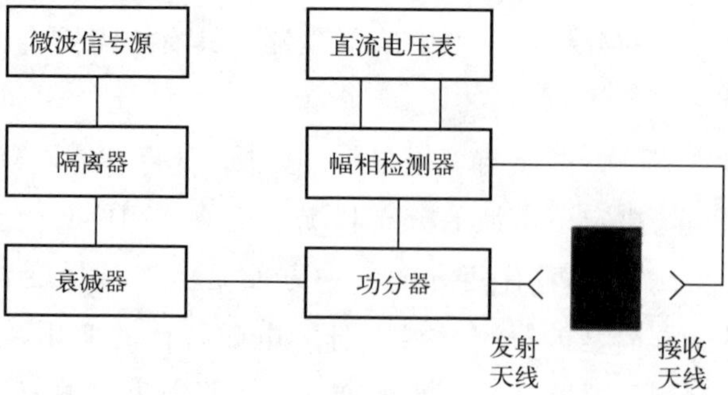

图 8-4 微波穿透法检测系统框图

可变频率连续波和脉冲调制波。穿透法可用于木材的密度、含水量、纹理方向等理化性质测量，还可用于腐朽、裂纹、孔洞等内部缺陷的检测。

8.2.2.2 反射法

反射法是利用被检活立木表面和内部所反射的微波对试件进行检测的方法。当微波入射到活立木表面时会产生反射和折射，其反射波与活立木的材料性质有关，透入试件的折射波如遇到反射界面也会产生反射。通过测取反射波幅值、相位等数值的变化，可以推断活立木有无缺陷并对有关参数进行评估。反射法主要包括连续波反射法、扫频波反射法、脉冲调制波反射法。

如图 8-5 所示为微波反射法检测系统框图，其只需要一个天线即可以完成微波的发射与接收，再通过定向耦合器将收发信号分离。反射法可检测木材表面和内部缺陷（如裂缝、分层、气孔、夹杂等），还可测量密度、湿度、成分等理化性质。

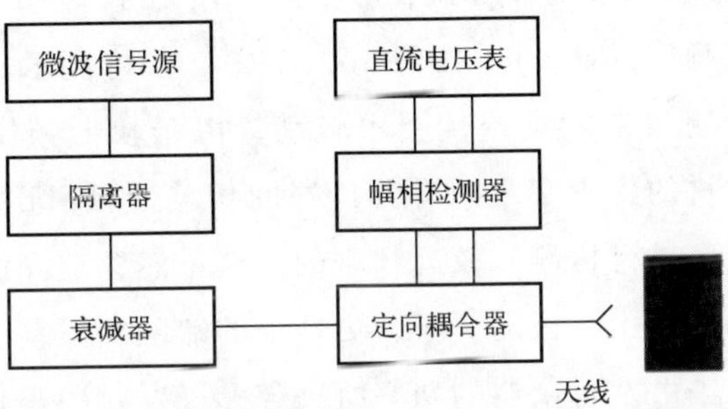

图 8-5 微波反射法检测系统框图

8.2.2.3 散射法

散射法检测系统所采用的收发传感器可以依据信号强弱进行角度的调整，通过对微波信号源输出的信号与检波器接收的信号进行对比，确定所测试产品的散射特性，进而对待测件的内部缺陷进行评估。

贯穿材料的微波随着材料内部散射中心（如夹杂、气孔）而随机发生散射，一般用于检测气孔、裂缝、夹杂、空洞等缺陷。其检测系统框图如图 8-6 所示。

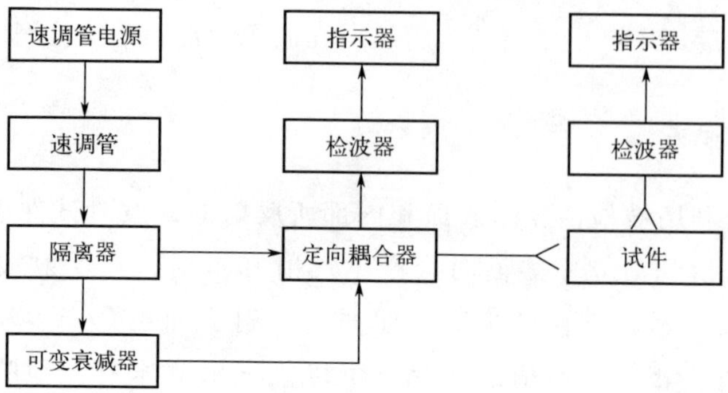

图 8-6 散射法检测系统框图

8.2.3 测试条件与检测效果

8.2.3.1 微波频率与发射条件

微波在测试时一般分为两种频率——较低频率（例如 900MHz 或 2.45GHz）和较高频率（如 60GHz 或 100GHz）。若待测木材体积较大或含水量较高，则对于检测效果的穿透性要求较高，由于较低频微波的穿透能力较强，且测量时与木材的含水率之间有着良好的相关性（Mai et al.，2015），因此一般采用较低频率进行检测。较高频率的微波虽然穿透深度有限，但能提供更高的空间分辨率，适用于检测更小、更精细的缺陷。

微波的频率大小由发射仪器的功率所决定——发射功率越大，微波信号穿透能力就越强。虽然微波扫描效果可能优于 X 射线和红外等其他扫描技术，因为它采用非电离辐射，并且测试通常在低功率下进行，不会加热结构（Tiwari et al.，2018），但若使用较高的功率（一般指超过 1W）可能导致材料因加热而使信号反射能力增强，增加噪声。因此发射仪器的选择对频率和材料有着不小的影响。

微波发射的仪器一般是天线，分为喇叭天线、抛物面天线和微带天线，如图 8-7 所示，不同天线类型影响检测的波束宽度、灵敏度和检测范围等。

喇叭天线由形状像喇叭的金属波导组成，用于将无线电波引导到波束中，从而提供更强的方向性，适合较长距离检测。

抛物面天线是一种使用抛物面反射器（具有抛物线横截面形状的曲面）来

(a) 喇叭天线　(b) 抛物面天线　(c) 微带天线

图 8-7　喇叭天线、抛物面天线、微带天线

引导无线电波的天线，其显著优点是高增益、远距离传输、高方向性，适用于大型测量。

微带天线（Waterhouse，2003）通常是在印刷电路板（PCB）上使用光刻技术制造的内部天线。它们主要用于微波频段，单个微带天线由 PCB 表面的各种形状的金属箔（贴片天线）组成，板的另一侧有一个金属箔接地层。大多数微带天线由二维阵列中的多个贴片组成。天线通常通过箔式微带传输线连接到发射器或接收器。在天线和接地平面之间施加射频电流（或在接收天线中产生接收信号），更适合近场检测。

不同的天线在检测中的测量距离的设置也是不同的，测试距离通常在厘米到米级，在近距离（厘米级），通常采用微波近场检测，可以获得更高的分辨率和精确度，但适合小范围检测。远距离检测则适合较大物体（如整块木材）的粗略检测，适用于结构完整性检查。

在测试过程中，由于温度与湿度在微波检测过程中可能会对待测木材的电特性（如介电常数）产生影响，因此一般微波检测在恒温（Mai et al.，2015）且湿度与木材含水率接近的条件下进行。这是由于木材的含水率会直接影响木材的电特性，干木材与湿木材的检测结果可能也存在差异。

8.2.3.2　数据处理与分析

收集微波数据后，一般通过信号处理技术（如 FFT、滤波等）将微波信号转换为易读的检测结果。典型的检测算法包括光谱角算法（陈永固，2023）、反向散射算法、时域反射法（徐群等，2019）等，用于不同检测目的，如材质缺陷、湿度检测或结构分析。

微波无损检测技术的性能表现因研究条件的不同而存在差异，其主要分析对象有穿透深度、分辨率和灵敏度、木材含水率检测效果、缺陷检测效果。

微波技术的穿透深度较高，尤其是在低频微波范围下，可以穿透较厚的木材层，然而，穿透深度受限于木材的湿度和密度。干燥木材的穿透效果通常优于湿润木材，且采用不同的信号处理方式所得到的穿透结果也可能存在差异。

微波频率同样会影响分辨率和灵敏度。高频微波（如 100GHz）具有更高的分辨率，能够检测细微缺陷（如裂纹或微小空隙），适合精密检测。灵敏度则取决于检测信号的信噪比（SNR）。通过优化功率和信号处理，微波检测可达到较高的灵敏度，适用于发现密度差异或水分分布变化。

木材的含水率会对木材的导电性、微波的传播深度等产生较为显著的影响，因此微波能精确感知木材含水量的变化，可用于监测木材干燥过程或湿度变化。通过测量微波在木材中的衰减率和相位变化，可以有效评估木材的水分含量。同时通过对散射和反射信号的分析，可以实现缺陷如木材内部的缺陷裂缝、空隙和节疤等的定位和成像（Radwan et al.，2021）。

8.2.4 应用领域及研究进展

微波无损检测用途十分广泛，对木材的无损检测具有其他方法难以替代的作用。应用微波法检测木材性质始于 20 世纪 60 年代，在 21 世纪初又进行了更深入的研究。目前，在微波无损检测研究领域，主要有检测木材缺陷、含水率和密度。

8.2.4.1 检测缺陷

许多木材无法从外表直接观察到内部的缺陷，如木节、气孔等缺陷，需要借助微波技术来帮助检测。微波无损检测到的树干内部缺陷是指由腐朽或空洞等导致的介电常数异常，从而引起微波回波产生反射或折射的区域。如检测板材缺陷的微波检测技术，通过激光定位器定位，把信号输入计算机，可以在计算机上清晰地显示出节子的数量、尺寸和位置（邓志刚，邓荣斌，1998）。也有结合新设计的电小型平面谐振微波传感器或者通过微波反射仪器建立的系统检测木制品中缺陷的方法，用于检查各种类型的木制品而不破坏其表面层（Macchioni et al.，2013；Tiwari et al.，2018）。

在木材表面使用腔背缝天线进行微波反射和透射后，可以良好地显示出干燥的天然木材的缺陷和裂缝的位置与变化（Radwan et al.，2021）。

8.2.4.2 检测含水率

在微波频段内，木材的含水率稍有变化，其介电常数就会发生很大的改变。利用这种原理，可以通过测量介电常数的变化来测定含水率。微波检测含水率有加热烘干和测量介质介电常数两种方式，其最大的优点是快速，适用于含水率快速测定和在线测定，对生产过程的水分测定和控制有重要意义（Mai et al.，2015）。通过加热烘干的方法与反射特性的结合可以用于推导所需的物理木材如云杉的特性（Aichholzer et al.，2018）。

8.2.4.3 检测密度

木材的密度对木材介电特性有显著影响。当密度增大时，细胞间空隙变小，细胞壁实质物质所占比例增大，单位体积内的偶极子数量增多，木材的极化反应强烈，因此介电常数随之增大。不同树种木材拥有不同的介电性质，一般情况下密度大的木材介电常数也大。可以采用微波检测技术来进行硬木与软木的识别（Weidenhiller et al.，2019）。

8.3 红外线技术简介

红外线（infrared ray），又称为红外热辐射，是介于微波与可见光之间的电磁波。红外光的波长覆盖范围可分为三个区域：近红外区域、中红外区域、远红外区域。

红外光谱图是红外光谱常用的表征方法，它通过吸收峰的位置、相对强度以及峰的形状提供化合物的结构信息，根据不同吸收峰的透过率，反映对光的吸收率，进而可以解析该图谱，得到检测结论。在应用红外进行无损检测时，常采用傅里叶变换红外光谱仪。该技术基于热传导理论和红外热成像理论，利用被测物体的表面温度场来反映是否具有内部缺陷。本书主要介绍近红外和热红外技术在无损检测中的应用。

8.3.1 基本概念和检测理论

近红外光（near infrared，NIR）是介于可见光（VIS）和中红外光（MIR）

之间的电磁波，按美国材料试验协会（ASTM）定义是指波长在780～2526nm范围内的电磁波，习惯上又将近红外区划分为近红外短波（780～1100nm）和近红外长波（1100～2526nm）两个区域。

近红外光谱技术是根据近红外波段内的透射和反射光谱，对研究对象进行定性和定量分析的现代分析技术。该技术的工作原理是，如果选用的样品组成相同，则光谱也相同。因此若建立了光谱与待检测物品参数之间的对应关系，只需要获得待测物品的光谱，就能获得所需要的数据。

在木材无损检测中，木材主要成分中包含大量的C—H、O—H等含氢基团，且它们的组成和结构都不相同，使得木材在近红外光谱区的吸收峰有明显差异，由于木材化学性质、解剖性质、物理力学性质等都会影响近红外光谱对木材的反射和吸收，所以可以通过近红外光谱区的吸收峰的位置和强度，判断待测木材的状态，从而达到无损检测的目的。

8.3.2 适用对象与测量方法

NIR光谱主要有吸收光谱与漫反射光谱两种。吸收光谱主要用于均匀透明的液体及固体样品，漫反射光谱中的光信号主要是指光源进入样品内部经过多次反射、折射、衍射后返回样品表面的电磁辐射，它反映了样品的结构和组成信息。

8.3.2.1 吸收光谱分析

朗伯-比尔定律即Lambert-Beer定律，是一条描述光吸收与物质浓度和光程关系的物理定律。根据Lambert-Beer定律可知，待检物质的吸光度A与浓度c和光程长度之间的关系如式（8-1）所示。

$$A=\varepsilon cl \tag{8-1}$$

式中 A——吸光度，即溶液对光的吸收程度；

ε——摩尔吸光系数，L/(mol·cm)；

c——溶液中吸光物质的浓度，mol/L；

l——光程，即光穿过溶液的路径长度，cm。

Lambert-Beer定律的基本思想是在一束单色光通过一层吸光物质时，光的强度会随着吸收而逐渐衰减。衰减程度与溶液的浓度和光的路径长度成正比，即吸光度A越大，说明样品吸收的光越多，通常可以用来判断物质的浓度。但该定律在一定条件下会失效，如在高浓度溶液、溶液存在悬浮颗粒时受照射会发生化学反应，因而在木材的无损检测中要注意木材含水率、多孔和纤维结构等的影响。

8.3.2.2 漫反射光谱分析

当光束入射至试样的表面时，一部分光在表层产生镜面反射，另一部分光则折射入内部，经部分吸收后射至内部颗粒界面，再次发生反射、折射和吸收。如此多次重复，最后由粉末表层朝各个方向发射出来，这种反射称为漫反射。由此检测到的光谱便为漫反射光谱。

将漫反射光谱用于样品组分分析，首先需要了解漫反射光谱的参数，并确定样品漫反射光谱参数与样品浓度间的关系，多组分样品的漫反射光谱分析还需要了解样品中各组分的含量与样品实际能测得的总漫反射光谱参数之间的关系，以便可根据样品总漫反射光谱参数确定样品中各组分的含量。

8.3.3 测试条件与检测效果

8.3.3.1 样本与测试仪器

由于木材样本具有复杂的纤维结构、孔隙、导管等以及其密度、含水率、光学性质等因素会影响红外光谱在其内部的传播，因此样品表面通常需要做平滑处理，以减少散射影响，确保信号的稳定性。同时需要对样品含水率进行控制或校正（Sandak et al.，2016），以减少水分吸收对检测的干扰。而除了木材样本外，外部环境如温度也会对光谱吸收造成影响，所以外部环境也需要设定在一个较为恒定的条件下。

用于木材检测的 NIR 光谱仪常为分光型或傅里叶变换型（FT-NIR）光谱仪［如图 8-8（a）所示］，这些设备能够提供高分辨率的光谱数据，而现在也有线性可变滤波器（LVF）、高光谱成像相机［HI，如图 8-8（b）所示］等设备仪器出现，它们测试的红外光谱范围虽然有限，但可携带性更强，因此可以进行实地测量（Sandak et al.，2016）。

8.3.3.2 探测方式与数据分析

对于样品表面处理完全后，可采取不同的探测方式：漫反射模式，适合较

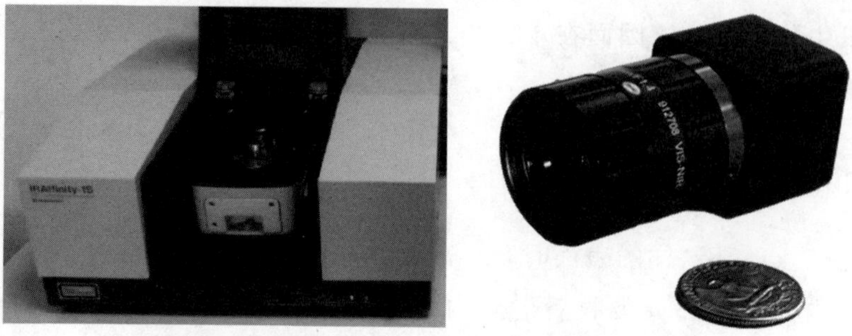

(a) 傅里叶变换型光谱仪　　(b) 高光谱成像相机

图 8-8　傅里叶变换型光谱仪、高光谱成像相机

粗糙或不透明的样品表面；透射模式，适合薄木片的检测。木材较厚时常采用漫反射模式。进行样本与设备的连接后（如图 8-9 所示），开始进行实验数据的收集，每个样品点通常需要多次测量并取平均值，以减少随机噪声干扰，其中聚四氟乙烯（PTFE）白板具有高反射率、稳定防水、漫反射的特性使其在测试中主要作用为校准参考标准。

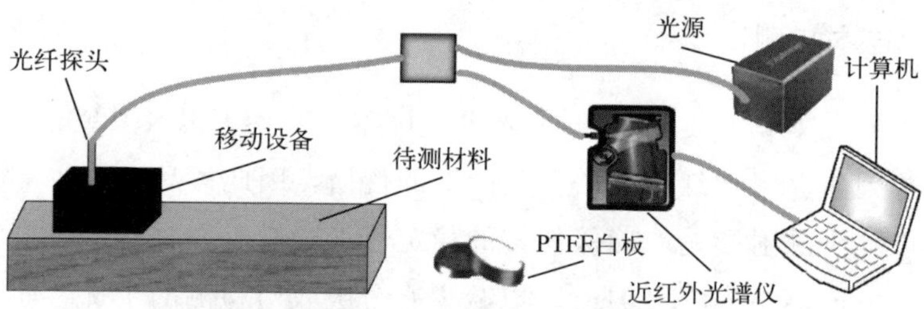

图 8-9　红外光谱测试的设备连接

（Yu et al.，2020）

对于近红外光谱数据的分析主要包括建模和预测两个过程，如图 8-10 所示。

在建模过程中，首先收集具有代表性样品的光谱及其各种质量参数作为参考数据，确定其真值（真值是指排除一切影响因素，在理论情况下获得的数据，一般可通过国标获得），再对光谱进行处理，使其和参考数据之间建立起一一对应的映射关系，对于建立模型所使用的校正方法视样品光谱与待分析的性质关系不同而异，常用的有偏最小二乘回归（partial least squares regression，PLSR）、主成分回归（principal component regression，PCR）、多元线

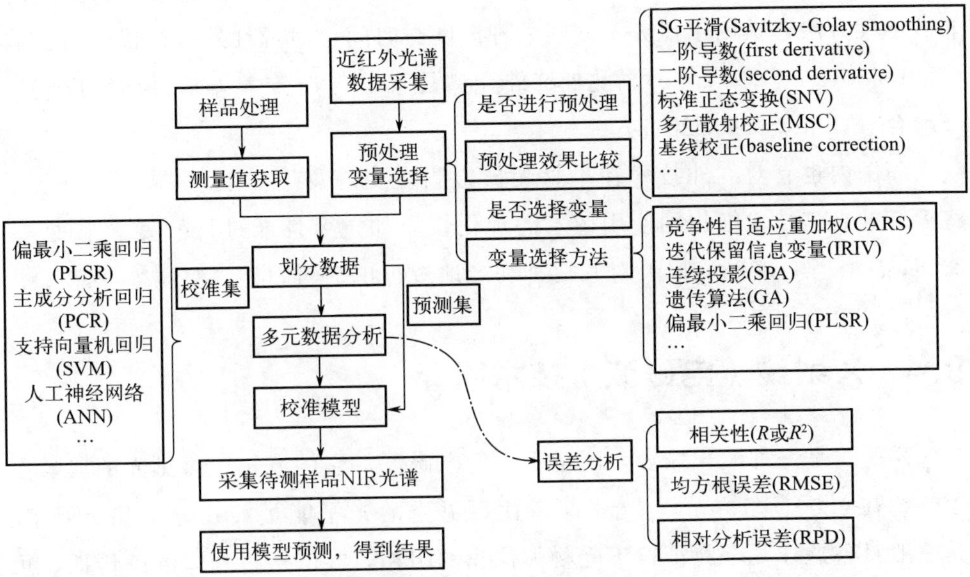

图 8-10　近红外光谱分析流程

（王珏等，2023）

性回归（multiple linear regression，MLR）和人工神经网络（artificial neural network，ANN）等。

8.3.4　应用领域及研究进展

近红外技术在木材无损检测中的应用在 20 世纪 90 年代已有相关报道，主要用于预测木材的纸浆出浆量、树木木质素和纤维素的含量，分析木材密度、含水率、强度之间的关系（Schimleck，2007）。近年来，该项技术在国内外发展十分迅速，在木材的缺陷检测、物理化学性质检测和木材树种识别方面均有大量研究。如何通过数学方法建立更准确的、精度更高的预测模型是研究的主要内容之一。

木材缺陷区域可以通过使用近红外光谱技术预测木材的理化性质检测出来。而红外光谱技术的研究与应用也有相应的研究与设备选择规范（Sandak et al.，2016），同时在此基础上构建预测模型如考虑木材的弹性模量等特性与红外光谱成像技术的关系，并结合偏最小二乘回归对模型进行预测（Yu et al.，2020）。

傅里叶变换近红外光谱（FT-NIR）作为表征热处理木材化学结构变化的非破坏性方法，被用于探究不同热处理温度与时间，对近红外光谱特征的影响（Vidholdová et al.，2019）。此外红外光谱技术正与遗传学等学科领域形成交叉融合（Hein et al.，2017）。

而国内也有对红外技术在木材无损检测应用的总结（王珏等，2023），并将近红外光谱技术细化到使用树木的理化性质如抗弯性能进行研究（宋闯等，2024；汪睿等，2023）以及对其树种和产地进行识别与归类（骆立等，2023）。

8.4 X射线（电磁波）技术简介

X射线是一种波长极短，能量很大的电磁波，它的波长比可见光的波长更短（约在0.001～10nm），光子能量比可见光的光子能量大几万至几十万倍。其一般具备这样几个特征：不受物体体积的阻挡，能够透过物体继续传播，可被散射、反射和吸收等。X射线的穿透能力与射线波长有关，与被穿透材料的原子序数和密度也有关。射线波长越短，能量越大，穿透能力越大；被穿透材料的原子序数越大，密度越大，越难穿透。

8.4.1 基本概念和检测理论

X射线的检测原理主要是基于其具有穿透能力的性质。射线穿透被检测对象时检测对象内部若存在缺陷、异物或其他病变时，会导致穿透射线强度上的差异，一般是有缺陷的部分射线穿透强度较高，可检测穿透后的射线强度并根据一定方法转化为图像，对其进行分析和评价，继而达到无损检测的目的。其射线成像原理如图8-11所示。测试对象①位于X射线发射器⑥和探测器⑦之间。X射线穿过测试对象①，并在到达探测器⑦之前以不同的强度被吸收。X射线因材料对其具有特异性特性而形成X射线投影图，该X射线投影图可以转换为灰度图像用于材料内部结构分析。探测器前面的三维测试对象的整个体积将表示为二维X射线衰减图（Riggio et al.，2015）。

强度均匀的射线照射被检测的原木时会产生能量的衰减，其衰减程度与射线的能量（波长）、被穿透原木的质量、厚度及部位有关。如果被检测物体是均匀的，射线穿过物体衰减后的能量只与其厚度有关，且衰减程度也是均匀的。当物体内有缺陷时，在缺陷部位穿过的射线衰减程度存在差异，最终得到

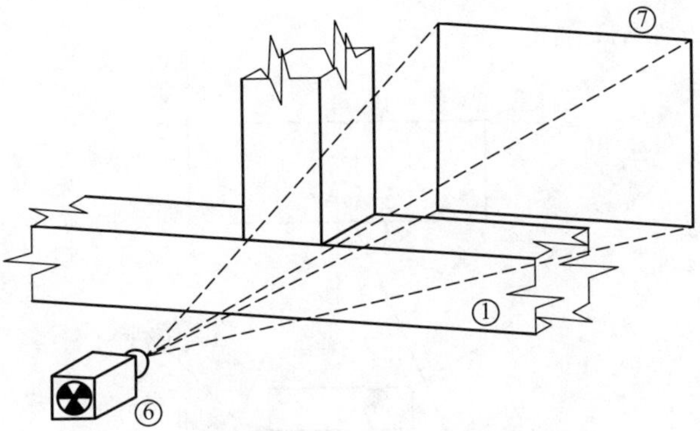

图 8-11　X 射线成像原理图

(Riggio et al.，2015)

不同强度的射线。X 射线的辐射强度与穿过试样后的辐射强度之间的关系如式 (8-2) 所示。

$$I(x)=I_0\mathrm{e}^{-\mu x} \tag{8-2}$$

式中　$I(x)$——物质深度为 x 处的 X 射线强度（即吸收后的强度）；

I_0——物质表面入射的 X 射线强度；

μ——线性衰减系数，代表物质吸收 X 射线的能力，cm^{-1}；

x——X 射线传播的距离，cm。

8.4.2 适用对象与测量方法

按照成像的方式，可以将 X 射线检测分为成像法、计算机断层扫描（CT）法、荧光分析法等。

8.4.2.1　成像法

如图 8-12 所示，成像法是根据被检试件与其内部缺陷介质对射线能量衰减程度的不同，使得射线透过工件后的强度不同，让缺陷能在射线底片上显示出来的方法。从 X 射线机发射出来的 X 射线透过试件时，由于缺陷内部介质对射线的吸收能力和周围无缺陷部位不一样，因而透过缺陷部位的射线强度不同于周围完好部位。把胶片放在试件的适当位置，在感光胶片上，有缺陷部位和无缺陷部位将接受不同的射线曝光。再经过暗室处理后，得到底片。然后把底片放在观片灯上就可以明显观察到缺陷处和无缺陷处具有不同的黑度。检测人员据此就可以判断缺陷的情况。

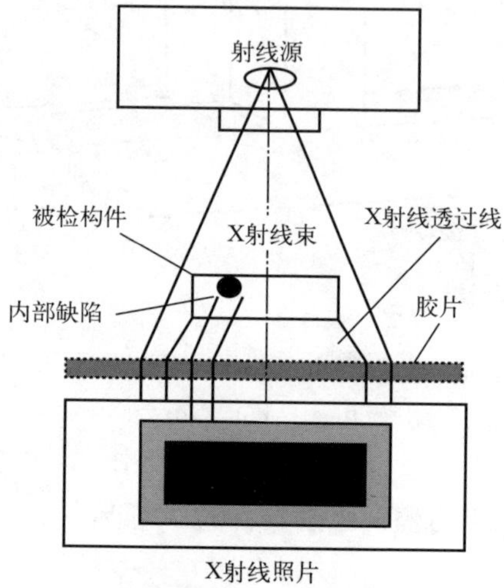

图 8-12 成像法示意图

8.4.2.2 计算机断层扫描法

CT 法通过将待测木样置于 X 射线源和探测器之间，并旋转物体或 X 射线源（或两者同时旋转），以不同角度发射 X 射线。X 射线在穿透物体时，会被物体的不同组织和材料吸收或散射，因此不同的组织对 X 射线的吸收程度不同。每个角度的 X 射线经过物体后，会到达对面的探测器，探测器会记录衰减的 X 射线强度。得到多个不同角度拍摄物体的 X 射线影像结果后，利用计算机技术重建出物体的三维内部结构，再通过对不同角度的 X 射线数据进行计算机重建，就能得到物体的截面图像（图 8-13）而这类灰色图片的清晰度则是与待测原木的密度有关的，在与计算机算法结合之后，能够较清晰地观察到内部细节（Ge et al.，2018；Kobayashi et al.，2019）。

8.4.2.3 荧光分析法

荧光分析法基于 X 射线激发物质发射二次荧光的原理，广泛用于定性和定量分析样品中元素成分。它通过利用物质的原子吸收高能 X 射线来对元素成分进行分析，当 X 射线照射到待测的木材样品表面时，样品中的原子吸收 X

(a) 待测木材图

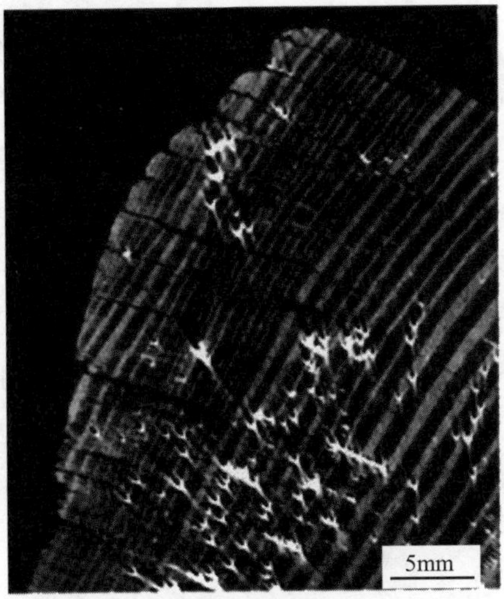

(b) CT结果图

图 8-13　待测木材和 CT 结果图

(Stelzner et al.，2023)

射线能量，使得原子内的内层电子被激发并离开原子核，从而产生“空穴”，为填补这些空穴，外层电子跃迁至较高能级并发射二次荧光（即 X 射线荧光），而荧光 X 射线具有特定的能量，这个能量与发射的元素及其电子跃迁的能级差异有关。通过分析这些荧光 X 射线的能量和强度，能够确定样品中元素的种类和含量，并通过荧光 X 射线的信号形成一个荧光谱图，对应着不同元素的特征 X 射线能量，通过比较峰值位置和强度，可以分析出样品中的元素种类及其相对含量。

8.4.3　测试条件与检测效果

8.4.3.1　射线源与样品

对于成像图效果影响较为显著的因素是 X 射线源发出的 X 射线强度与待测样品的选择及处理方式。

X 射线的强度受射线源与波长的影响。X 射线源的能量通常由其电压来控制，较高的电压能够产生较高能量的 X 射线，这有助于提高穿透力，适用于较厚或密度较大的物体。低能量的 X 射线适合较薄的物体，能够提供更高的分辨率，但穿透力较弱。X射线的波长也同样影响着其穿透物质的能力。较短波长（高能X射线）可以穿透较厚的材料，而较长波长的X射线则主要适用于薄材料或表面分析。因此需按实验要求对射线源和波长进行合理选择。

木材样品的密度与厚度也会影响X射线的穿透程度（Wei et al.，2011）。密度较大或较厚的材料吸收更多的X射线，导致X射线无法完全穿透，最终影响成像的质量和清晰度。对于复杂的样品或厚重的材料，通常需要使用较高能量的X射线来确保成像效果。同时样品的形态与排列可能会导致射线分布的不均匀性，从而影响图像质量。对于不规则形状的样品，可能需要进行多角度的成像或计算机断层扫描，同时样品应位于X射线束的路径中，并且需要保持一定的距离和角度，以确保影像的精确性。

8.4.3.2 探测器与实验条件

在X射线采集过程中，探测器与实验条件的正确选择将影响所呈图像的清晰度。

X射线成像使用的探测器类型有多种，包括胶片、计算机断层扫描（CT）中的数字探测器、荧光屏等。不同探测器对X射线的灵敏度、分辨率以及捕获时间等有所不同，进而影响图像的质量。高分辨率探测器能够提供更加清晰的图像，能够捕捉到更细微的结构特征，而在材料缺陷检测领域这是至关重要的，但其所付出的成本也需要纳为考量的因素之一。

实验条件中对最终成像产生较为明显影响的是曝光时间与照射剂量。曝光时间即X射线照射到样品表面的时间长度。较长的曝光时间可以增加X射线的累积量，从而提高图像的清晰度。但曝光时间过长可能会导致成像过程中的噪声增多，影响图像质量。照射剂量是指X射线在物体或人体上投射的辐射量。在工业或材料检测中，较高的照射剂量可能有助于提高成像的对比度和分辨率。

8.4.3.3 安全条件

考虑到X射线对人具有放射性危害，所以一般在采集图像时，会将所在地划分为两大部分：辐射区和控制室。

在辐射区，安置必须与X射线直接接触的设备和待测的试件。整个辐射区需要完全封闭，门窗和墙壁要涂有防辐射材料，以达到防止放射性泄漏的工业标准，保证控制室人员的安全。在辐射区可以安装传动装置和X射线源。传动装置可使控制室人员通过远程操控实现待测试件检测部位的移动；X射线源用于发射X射线。

在控制室，配备人员以监视辐射区内的情况，控制传动装置，以选择待测原木要检测的部位。在这里可以安置监视器，带有图像采集卡的计算机，存储数字图像、进行后期处理和传动系统的控制器等。

8.4.4 应用领域及研究进展

自从1963年法国林业研究中心的H. POLGE教授首先利用X射线测定木材的密度以来，X射线检测方法在木材及木质复合材料上的应用得到了极大的重视和发展，加拿大、美国、日本、英国等均先后采用了X射线测定木材密度的方法。20世纪90年代开始有针对北欧地区的木材结构特征识别的研究，同时也有与计算机技术相结合对木材特征的识别（Wei et al.，2011），也有相关文章针对X射线成像技术、设备与测试条件进行了较为详细的阐述与介绍（Jacquin et al.，2017；Riggio et al.，2015；Zielińska，Rucka，2021）。

而在几十年的发展之中，X射线技术在木材检测中较为常见的研究方向，可大致分为利用X成像技术对树木现有性质如基于树木年轮成像分析后的生长特性分析（Vannoppen et al.，2017），以及利用扇形光束等X射线技术对木材自身含有的缺陷的多少、大小、位置等进行检测（Ge et al.，2018）和运用不同方式对考古木材进行CT法成像后分析（Stelzner et al.，2023；Stelzner，Million，2015）。同时也有使用便携式X射线电视检测系统对劣质木材进行无损检测的创新方法。

我国运用X射线技术对木材进行无损检测起步较晚，但对于木材的性质如含水率研究以及考古木材的检测（吕嘉莉等，2023）也是不少的。

8.5 核磁共振波谱技术

核磁共振（NMR）是指处于外磁场中的物质原子核系统受到相应频率（兆赫数量级的射频）的电磁波作用时，在其磁能级之间发生的共振跃迁现象。以核磁共振信号强度对照射频率（磁场强度）作图，通过傅里叶变换，把时间域FID信号转换成频率域函数，即可得核磁共振波谱。因此，就本质而言，核磁共振波谱与红外吸收光谱一样，是由物质与电磁波的相互作用而产生的，属于吸收光谱（波谱）范畴。根据核磁共振波谱图上共振峰的位置、强度和精细结构可研究分子结构。利用核磁共振波谱对物质进行结构测定、定性和定量分析的方法就是核磁共振波谱法。

8.5.1 基本概念和检测理论

对于固体样品和液体样品所使用的核磁共振波谱是不同的。固体高分辨核磁共振技术起始于 20 世纪 70 年代初，它能够提供非常丰富细致的结构信息，随着磁体以及脉冲技术的不断发展，目前在木材的含水率变化、纤维饱和点测试等领域中有较好的应用（J. Li，Ma，2021；Shi et al.，2024）。对于固体核磁共振波谱来说，由于外磁场中核的各种互相作用，其波谱线将严重增宽，影响解析效果。若想获得一张好的固体高分辨核磁共振波谱，首先需解决的问题就是如何使波谱线尽可能窄化，其次是如何增强稀核的信号，提高灵敏度。目前能得到更窄谱线的固体 NMR 技术主要有强功率的偶极去耦（dipolar decoupling，DD）技术、魔角旋转（magic angle spinning，MAS）技术和交叉极化（cross polarization，CP）技术。

核磁共振现象的产生，离不开外磁场与磁矩之间的相互作用。而自旋量子数为 0 的原子核因为没有自旋运动，因此没有磁性，不受外磁场的作用，没有核磁共振现象。最常用的核磁共振波谱是氢核磁共振谱和碳核磁共振谱，但是碳谱没有核磁共振现象，直到脉冲傅里叶变换核磁共振波谱仪问世，碳谱才渐渐发展起来。该技术通过向木材样本施加强磁场，激发其中的氢核（主要来源于水和有机物）发生核自旋的跃迁，当施加的射频脉冲停止时，氢核会释放能量，产生特定的核磁共振信号，这些信号反映了氢核的数量和分布。通过氢核的分布状况可以区分自由水（在细胞腔中）和结合水（与细胞壁结合）的信号特征，从而分析木材含水率或其他微观结构状态。

8.5.2 适用对象与测量方法

核磁共振波谱仪是检测和记录核磁共振现象的仪器。用于有机物结构分析的谱仪因为要检测不同化学环境核的化学位移以及核磁之间自旋耦合产生的精细结构，必须具有高的分辨率，这类仪器称为高分辨核磁共振波谱仪。下面以脉冲傅里叶变换核磁共振波谱仪为例介绍其部件构成与作用及其工作原理。

8.5.2.1　部件构成与作用

脉冲傅里叶变换核磁共振波谱仪的基本结构见图 8-14。它主要由磁体、探头、射频发射器、射频接收器、前置放大器等部件组成。

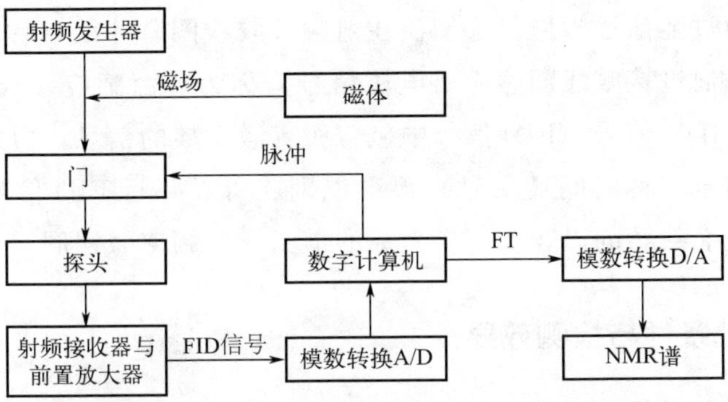

图 8-14　脉冲傅里叶变换核磁共振波谱仪结构示意图

FID—自由感应衰减；FT—傅里叶变换，D/A—数字到模拟；A/D—模拟到数字

磁体是所有类型的核磁共振波谱仪都必须具备的最基本组成部分，其作用是提供一个强的稳定均匀的外磁场。永久磁铁、电磁铁和超导磁体都可以用作核磁共振波谱仪的磁体。波谱仪对磁场的稳定和均匀性要求非常高，因此除了磁铁之外还有许多辅助装置用于微调、消除因温度或电流等变化所产生的对磁场强度的影响。

射频发生器用于产生一个与外磁场强度相匹配的射频频率，它提供能量使磁核从低能级跃迁到高能级，因此，射频发生器的作用相当于红外或光谱仪中的光源，所不同的是，根据核磁共振的基本原理，在相同的外磁场中，不同的核种因旋磁比不同而有不同的共振频率。所以，同一台仪器用于测定不同的核种需要有不同频率的射频发生器。

射频接收器用于接收携带样品核磁共振信号的射频输出，并将所接收到的射频信号传送到放大器上放大，相当于红外光谱仪中的检测器。前置放大器的作用是将信号在进入射频接收器之前预先放大，并作为射频输出。

探头中有样品管座、发射线圈、接收线圈、预放大器和变温元件等。发射线圈和接收线圈相互垂直，并分别与射频发生器和射频接收器相连。整个探头置于磁体的磁极之间。

8.5.2.2 工作原理

当样品被放在外磁场中，在外磁场保持不变的条件下，使用一个强而短的射频脉冲照射样品，这个射频脉冲中包括所有不同化学环境的同类磁核的共振频率。在这样的射频脉冲照射下所有这类磁核同时被激发并产生信号，从低到高能级然后通过弛豫逐步恢复平衡。在射频接收线圈脉冲结束后，此类信号会逐渐衰减，并通过接收线圈感应出电压信号，称为自由感应衰减（free induction decay，FID）信号。FID 信号中包含所有激发核的信息，但这种随时间改变而变化的信号（称时间域信号）很难识别。所以要将 FID 信号通过傅里叶变换转化为我们熟悉的以频率为横坐标的谱图，即频率域谱图。

8.5.3 测试条件与检测效果

在进行测试时其主要的应用涉及木材纤维饱和点（fiber saturation point，FSP）的测定。下面以此测定实验为基础，介绍其测试条件及检测效果。

8.5.3.1 环境与参数设置

测试中的环境如温度与湿度一般需要控制在恒温恒湿，如可以使用两种不同的温度条件进行测试，分别是室温（25℃）和低温（−3℃）。在室温下测量样品的横向弛豫时间（T2），一般使用 CPMG（Carr-Purcell-Meiboom-Gill）序列（即一种用于核磁共振波谱技术的脉冲序列）进行 T2 测试。然后开启冷冻控温系统，对试样进行降温处理，将试样细胞腔内自由水冻结。

测试环境中磁场对待测木样影响也需要进行调控，应在一个高度均匀的强磁场中将木材样本置于磁场中心，以减少信号失真。且避免外界电子设备产生的电磁干扰，以免影响磁场稳定性和信号质量。

测试中的 CPMG 序列中如 90°射频脉冲的宽度、180°射频脉冲的宽度等参数的设置也将影响最终结果的精准程度，因为通过 CPMG 序列得到的衰减常数称为自旋-自旋弛豫时间或横向弛豫时间。而上述提及的弛豫时间的设置与信号强度直接相关，不同的木材状态可能需要不同的弛豫时间进行优化。

8.5.3.2 样品准备与处理

不同的木样尺寸需要不同的环境条件与设备设定的参数。因此样本尺寸应符合核磁仪器的检测腔体规格，过大或形状复杂的木材需切割成适当大小，若为整块大样本，可使用开放式核磁共振成像（MRI）设备。

同时对木样的水分处理也是至关重要的，测试前需避免木材水分的意外蒸发或吸湿，可用塑料薄膜包裹。若研究重点是含水率分布，则样本不应受到机械挤压或切割，否则会影响内部水分分布。

8.5.3.3　数据处理与实验安全

采用绝干法获得各试样的含水率。考虑冷冻处理温度对木材试样 NMR 峰面积的影响，根据公式对 NMR 峰面积进行修正。如果信号存在方向性偏差导致数据产生偏差，可以适当旋转样本以校正木材纤维方向对检测结果的影响。检测结果以水分状态的准确性分析为主，并进一步对木材的内部损伤结构与理化性质进行解释。

该检测技术在强磁场环境下，应确保无铁磁性物品靠近，以免对实验者或仪器造成危险。在一定的使用周期后需要定期校准仪器，特别是超导磁体的冷却系统和射频线圈，前者起到维持稳定的强磁场、降低信噪比下降风险等重要作用，而后者能更好地保证不同木样的匹配特性并确保脉冲精度。

8.5.4　应用领域及研究进展

8.5.4.1　含水率及其分布

水分的含量与分布在材料加工利用方面有重要影响，对其精确测量或表征一直是科研人员努力探索的重要研究课题之一。

对木材含水率分布的相关研究有：使用时域核磁共振（TD-NMR）测定五种不同相对湿度（RH）下的木材干燥速率（Li et al.，2017），TD-NMR 在木-水关系中的应用也较多，且未来的应用前景也较为广阔（Li，Ma，2021）；将核磁共振技术结合到高分辨的三维技术中从而研究木质组织的水分含量（Oven et al.，2011）；不断调整待测木材样品中的含水率并进行试验以得到准确和连续控制样品水分的 NMR 检测结果（Shi et al.，2024）。

8.5.4.2　测定纤维饱和点（FSP）

在现有研究中利用 NMR 技术确定木材 FSP 也是其主要的研究内容之一。

如采用预水解纤维素的方式与 NMR 技术相结合观察木材的内部各类理化性质如 FSP、化合物组成等或使用 TD-NMR 测量各树种间的纤维饱和点差异（Li et al.，2017）。

而在其他材料如竹材的纤维饱和点（FSP）的测量则可以使用低场核磁共振（LF-NMR）技术（宋路路等，2017）。

8.6 本章小结

尽管高光谱、微波、近红外、X 射线及核磁共振波谱技术均应用于木材无损检测，但因各类光谱所采用的波长、能量等理化性质不同，形成了针对木材结构与性质的特异性测量方法，进而实现从分子结构、化学组成到电子状态和动力学行为的多维度检测，显著拓宽了木材无损检测的研究范畴。

第9章 激光电子剪切散斑干涉技术

9.1 激光电子剪切散斑干涉技术简介

古建筑木结构、木制艺术品及古树名木的保护是木材保护的重要内容，同时也是无损检测技术应用的主要领域之一。在日照、温度、湿度等因素的影响下，木材微观尺度上的腐蚀等化学变化将导致其机械及力学性能退化。所以，对木材进行材料力学性能及表面、内部缺陷检测，研究如何快速准确地对其进行无损检测，对于保护古木、获得合格木构件、延长木结构寿命等方面都具有极其重要的意义。

激光电子剪切散斑干涉（electronic shearography speckle pattern interferometry，ESSPI）技术是20世纪90年代兴起的用于表面变形测量的新型光学技术（洪友仁等，2006；秦玉文等，1996），具有全场、非接触、无污染、高精度、高灵敏度、不需特殊防震、不受工件外形几何尺寸限制、快速实时并可在线检测等优点。目前在蜂窝复合材料（付刚强等，2005）、橡胶轮胎（张伟伟等，2006）、复合材料粘接质量（陈金龙等，2004）等的检测中取得了一定进展。基于ESSPI技术的木材无损检测新方法，能较好地完成对木材缺陷的无损检测工作。

9.1.1 基本概念和检测理论

激光电子剪切散斑干涉（ESSPI）技术是一种基于激光干涉原理（即基于光的波动性，核心是相干光的相位差导致的相长干涉和相消干涉）的新型光学测量技术，主要用于表面变形的检测和分析。该技术结合了散斑干涉和剪切干涉的优点，以实现对物体表面和内部缺陷的高精度无损检测（洪友仁等，2006；Hung，1982），干涉测量的光路如图 9-1 所示。

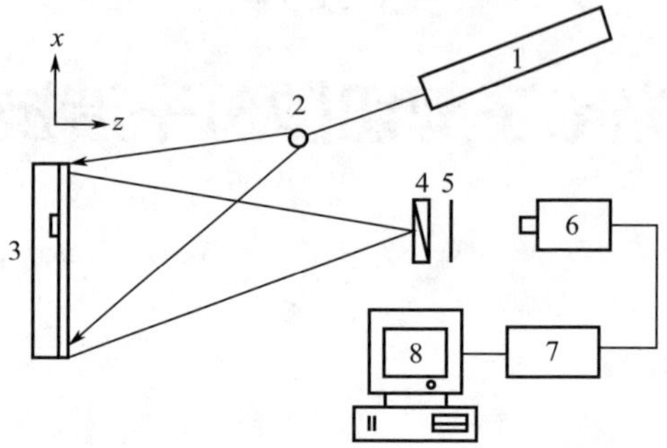

图 9-1 激光电子剪切散斑干涉测量系统

1—激光器；2—扩束镜；3—待测元件；4—剪切镜；5—偏振片；6—CCD 相机；7—图像采集卡；8—图像处理系统

ESSPI 的核心在于利用激光光源产生的相干光束照射待测物体表面，散射后的光形成特定的散斑图案。当物体发生微小变形时，这些散斑图案也会相应变化。通过剪切镜，将反射回来的光束分成两个相邻的散斑图像，这两个图像在相干条件下叠加，形成干涉条纹。这些条纹反映了物体表面在加载前后的相位差。相减处理可以消除背景信号，突出由变形引起的相位变化，从而实现对物体变形和缺陷信息的定量测量。

ESSPI 的检测精度受多个因素影响，包括剪切量的选择、散斑图像质量和数据处理方法。适当的剪切量可以提高对微小变形的敏感性，清晰的散斑图像有助于提高检测的准确性，而先进的图像处理技术能够降低噪声影响，从而提升分析精度。

9.1.2 适用对象与测量方法

ESSPI 技术具有多项优势，包括非接触性、全场检测、高灵敏度和实时显示，适用于木材、金属、复合材料等多种材料的无损检测。

在木材无损检测中，ESSPI 可用于表面缺陷的检测，通过热加载或机械加载观察木材表面的微小变形，以识别和量化缺陷。此外，结合相移技术，ESSPI 也能够检测木材内部的近表面缺陷，提供可靠的缺陷信息。通过对光的干涉现象进行深入分析和应用，ESSPI 在无损检测领域展现出广泛的应用潜力。

检测用光路为图 9-1 所示的 ESSPI 测量光路。具体过程如下：激光器发出相干光束，照射到待测物体表面；散射光形成多个相干散斑，反射回来的光束经过剪切镜形成两个相邻的散斑图像；在相干条件下叠加形成干涉条纹，通过 CCD 相机捕捉这些条纹图像，并将其传输到计算机进行实时分析。

举例说明：

采用光学质量好、相干性好的氦-氖激光器，波长为 632.8nm；剪切镜为 Wollaston 棱镜。待测试件为松木板，长 150mm，宽 150mm，厚度 15mm。在木板某个区域制造直径分别为 3mm、5mm、6mm 的 3 个表面人工缺陷；同时为了检测内部缺陷，选取木板另一面的某个区域，制造直径约为 10mm 的人工缺陷，并且用松木黏结剂将同等材料 1mm 厚的松木粘贴在人工缺陷表面（邹广平等，2009）。

整个实验在防震平台上进行，对木板进行热加载，使其产生离面微变形；同时为了增强散斑条纹图的对比度，在待检测区域喷涂白色快干漆。试件模型如图 9-2 所示。

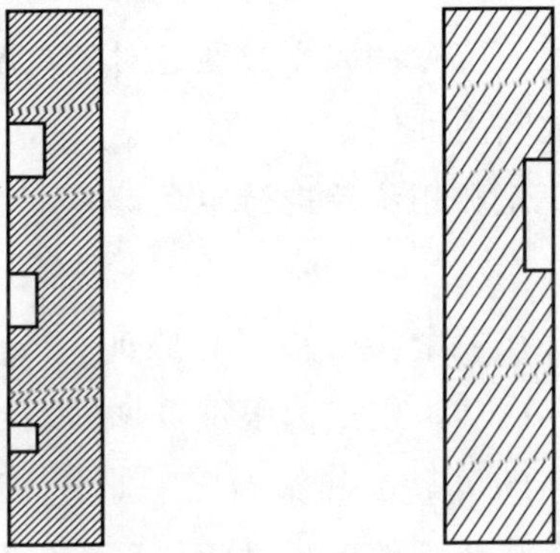

(a) 检测表面缺陷的木板　　(b) 检测内部缺陷的木板

图 9-2　试件模型图

9.2　测试条件与检测效果

激光电子剪切散斑干涉（ESSPI）技术在实际应用中，需要特定的测试条件以确保检测的准确性和有效性。同时，检测效果则直接关系到材料的缺陷识别和定量分析能力。

首先，测试条件是确保 ESSPI 技术有效性的关键因素。在实验环境中，温度和湿度应保持恒定，以避免环境变化对材料性能和检测结果的影响。温度波动可能导致材料的热膨胀或收缩，影响散斑图案的稳定性。此外，由于 ESSPI 对表面变形的敏感性，实验设备应放置在防震平台上，以减少外部震动对检测结果的干扰。

其次，材料的准备至关重要。试件的厚度、宽度和长度需符合实验要求，以适应所选激光器的光束聚焦能力。

在光学系统设备方面，选择合适的激光器（如氦-氖激光器）作为光源，确保其波长和相干性满足实验需求。通过高质量的剪切镜（如 Wollaston 棱镜），可以实现精确的剪切干涉效果。同时，采用热加载或机械加载的方法对试件施加热载荷，以促进其产生微变形，这对于揭示表面和近表面缺陷的特征条纹至关重要。

在完成合理的实验设置后，检测效果将直接反映出 ESSPI 的优势。通过 CCD 相机实时捕捉干涉条纹图像，并应用相减技术消除背景光强，可以突出因变形引起的相位变化，从而生成清晰的干涉条纹图。这些条纹的外轮廓和分布特征可以直接反映缺陷的位置和大小，通过对条纹图的形态特征分析，能够有效判断表面和近表面缺陷的性质。

此外，利用条纹的变化和相位差进行定量计算，可以提供可靠的缺陷位置数据。

ESSPI 的检测效果已在多个实验中得到验证。Lu 和 Zou 等对松木的表面和内部缺陷进行了检测，成功识别出肉眼不可见的裂缝和空洞，表明该技术在木材无损检测中具有极高的可靠性和精确度。此外，Yang 等提出的改进型数字剪切散斑技术，在动态载荷条件下通过相位移法提升了检测速度和精度，显示出将 ESSPI 应用于动态测试的潜力。研究还指出，木材的纹理方向会对变形和缺陷检测的结果产生影响。特别是在道格拉斯杉（Douglas fir）木材中，不同纹理方向的剪切变形存在显著差异，提示了 ESSPI 在适应木材复杂结构方面的潜力（Umezaki，2006）。

图 9-3 为原始可见缺陷的木材表面检测结果。图中的单位为像素。根据像素与位移之间的标定，从截取的图片中检测到的直径分别为 6.4mm、5.5mm、2.9mm。实际直径从左到右依次为 6mm、5mm、3mm。因此，检测结果与实际情况吻合较好。

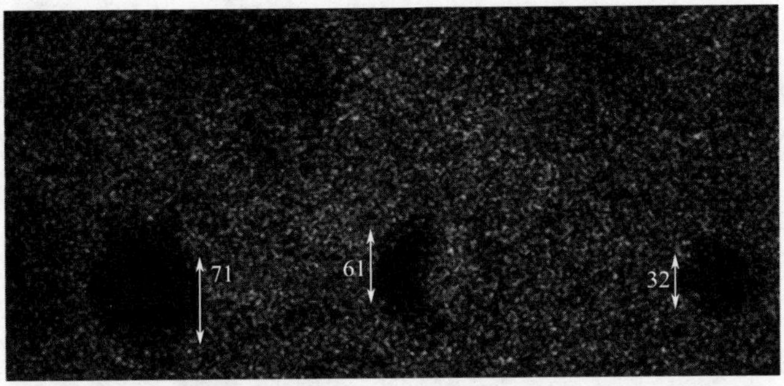

图 9-3　原始可见缺陷木材表面检测结果

9.3　应用领域及研究进展

激光电子剪切散斑干涉（ESSPI）技术因其高精度、非接触性和全场检测能力，在木材无损检测领域表现突出，已成为木材科学和木材工程检测中的重要技术手段。该技术特别适用于各类木质材料的缺陷检测和性能评价。

在木材检测领域，ESSPI 具有多个应用方向。首先，在古建筑木结构检测中，该技术能够精确识别木构件的表面缺陷、内部空洞和结构性损伤，为古建筑的保护和修复提供重要的技术支撑；其次，在木制艺术品和文物保护方面，ESSPI 能够在不接触文物表面的情况下检测其内部缺陷和材质退化情况，确保珍贵木制文物的安全性。最后，该技术在珍稀古树健康诊断中也发挥着重要作用，通过检测古树内部的腐朽、空洞等缺陷，为古树保护提供科学依据。

在现代木材工业中，ESSPI 技术同样具有重要价值。在原木和锯材的质量检测中，该技术能够快速识别木材的节疤、裂纹、腐朽等缺陷，提高木材分级的准确性和效率。在木基复合材料检测方面，ESSPI 能够有效检测胶合板、刨花板、纤维板等产品的内部脱胶、分层等缺陷，确保产品质量。在木材干燥过程监控中，该技术可以实时监测木材的变形和应力分布，优化干燥工艺参数。

随着木材加工技术的发展，ESSPI 在工程木产品检测中的应用也日益重要。在胶合木、交错层压木材（CLT）等工程木产品的质量控制中，该技术能够检测层间粘接质量、内部缺陷等关键性能指标，为现代木结构建筑的安全性提供保障。

ESSPI 技术在木材领域的研究也在不断进步。当前的研究主要集中在提高对木材纹理影响的适应性、优化木材表面处理方法、改进数据处理算法等方面。针对木材各向异性特点，研究人员正在开发更适合木材特性的检测方法和评价标准。此外，结合人工智能和机器学习技术，未来的木材 ESSPI 检测系统有望实现智能化缺陷识别和自动分类，大幅提高木材质量检测的效率和准确性。

特别值得关注的是，随着智能制造和工业 4.0 概念在木材工业中的推广应用，ESSPI 技术正在向在线检测和实时监控方向发展。通过与生产线的集成，该技术能够实现木材产品的全程质量追溯和动态品质控制，推动木材工业向数字化、智能化方向发展。

总之，激光电子剪切散斑干涉技术在木材无损检测领域展现出广泛的应用潜力和发展前景。随着技术的不断完善和应用领域的持续拓展，ESSPI 有望在木材资源高效利用、木制品质量提升和木结构安全保障等方面发挥更加重要的作用，为木材工业的可持续发展提供强有力的技术支撑。

9.4 本章小结

本章对激光电子剪切散斑干涉（ESSPI）技术的基本概念、检测理论、测试条件及检测效果进行了全面探讨。ESSPI 作为一种高效的无损检测技术，具有非接触性、全场检测和高灵敏度等显著优势，适用于木材、复合材料、金属和生物材料等多种材料的缺陷检测。通过合理的设置和精确的数据分析，ESSPI 能够准确识别和量化表面及近表面缺陷。技术的研究进展集中在提高检测精度和扩展应用范围等方面，未来结合人工智能和机器学习的趋势将进一步提升其智能化水平。整体来看，ESSPI 在无损检测领域展现出广阔的应用前景与发展潜力。

第10章

多方法联合木材无损检测技术及其环境影响因素

10.1 多方法联合木材无损检测技术集成概述

木材及其制品作为自然界重要的可再生资源，广泛应用于建筑、家具和工业材料中。其性能与使用寿命在很大程度上受到内在结构与外部环境的双重影响。因此，针对木材及木制品的无损检测技术成为材料研究与质量评估的关键课题。然而，单一检测技术在实际应用中经常面临因环境因素导致的精度不足和适用范围受限问题。

多方法联合木材无损检测技术的提出，旨在融合不同检测技术的优点，突破单一技术的局限性。通过综合声波、超声波、红外成像和X射线等技术的物理特性，不仅能够全面获取木材的内部结构和性能参数，还能显著提升检测结果在复杂环境下的稳定性和可靠性。尤其在湿度、温度等环境条件频繁变化的情况下，联合技术能够通过多维数据交叉验证实现更加准确的评估。

本节将介绍多方法联合无损检测技术的概念、背景与发展历程，探讨其在木材及木制品领域中的潜在优势与应用场景，并分析当前技术发展面临的挑战与未来趋势。通过对现有技术的总结与归纳，明确多方法联合检测技术在环境因素影响下的独特价值。

（1）技术集成的优势分析

多技术集成能够充分利用各技术在不同物理原理和检测范围上的互补性。例如，超声波检测在识别木材内部缺陷方面具有较高的灵敏度，但其对表面缺陷的检测能力较弱；而红外热成像可以快速捕捉表面温度分布异常，从而识别表面裂纹和热导率异常区域。通过结合这些技术，形成联合检测方案，可以从表面到深层全面掌握木材的质量信息。此外，多维数据的融合处理有助于减少单一技术因环境因素（如湿度、温度变化）导致的偏差，提升检测的可靠性。

（2）技术优化方向与策略

技术集成的优化主要集中在以下几个方面：一是提高数据的兼容性和整合能力。近年来，基于机器学习和人工智能的算法在多技术数据融合中得到广泛应用，这些算法能够有效处理来自不同检测技术的多模态数据，从而提高评估的精度和效率；二是设备的小型化和便携化趋势，尤其在林业资源管理和现场木材质量检测中，开发轻量化、一体化的多功能检测设备成为重要研究方向；三是改进环境适应性技术，通过开发具有湿度和温度补偿功能的硬件和算法，确保在复杂环境条件下的检测精度。

10.2 基于阻力钻孔法的无损检测及季节温差影响因素研究

10.2.1 季节温差对阻力钻孔法木材密度影响研究

木材密度是衡量木材质量的关键指标，与实木产品的物理和力学性能，如强度、稳定性、外观等直接相关。在活立木生物量的积累过程中，木材密度起着决定性作用。当前，对木材密度的精确测量和估算备受重视，这不仅关乎木材的工程应用，也是活立木改良计划的重要基础（Roman et al.，2023）。木材密度的测定对树木遗传育种、森林管理以及生态系统碳储量的计算等都是至关重要的（Vlad et al.，2022）。

环境温度的变化，尤其是季节性的温差，已被证实是影响活立木密度的主要环境因素之一。Almeida 等的研究显示，在巴西不同生长地点的桉树无性系中，环境温度变化是温带地区木材密度变化的主要驱动力（Almeida et al.，2010）。因此，在估测木材密度时，必须考虑季节温差的影响，以确保估测结果的准确性和可靠性。

在木材密度调查中，快速、准确、无损地估算活立木内部密度分布至关重要。阻力钻孔法广泛应用于活立木培育中对木材性质变化的调查（Arriaga et al.，2022；Downes et al.，2022；Sharapov et al.，2025）。通过以恒定的前进进给速度驱动三角铲形钻头钻入活立木，这种技术使仪器能够直接测量钻孔阻力（RST），而钻孔阻力与木材密度呈正相关。因此，活立木内部水分的冻结预计会间接影响 RST 测量。然而，环境温度变化或低温对 RST 测量的影响在现场应用中很少被考虑。

10.2.1.1　阻力钻孔法测量研究

（1）测试地点和样本

实地测试在位于中国黑龙江省哈尔滨市的东北林业大学试验林场进行。由于试验地点距离东北林业大学主校区仅约 15 分钟步行路程，因此根据每日天气预报和温度监测，在每个季节中选择环境温度变化较大（5～10℃）的日子进行现场测量。由于春季和秋季的季节温度变化相似，试验在夏季、秋季和冬季进行。在试验林场中，选择了杨树活立木作为测试对象，包括生长表现优异的品种、生长一般的品种以及生长受限的品种。从形态和生长状况来看，优势活立木树干通直，树冠茂密，占据树冠上部层，无病虫害迹象，年轮均匀。生长一般的活立木树干略微弯曲、树冠较小、病虫害较少，而生长受限的活立木则表现出树干弯曲、树冠稀疏、病虫害损伤、年轮不规则和严重的退化。根据胸高直径（DBH）标记超过六十棵树木，胸高直径范围为 11.7～38.5cm。各胸高直径水平内的活立木数量分布如图 10-1 所示。

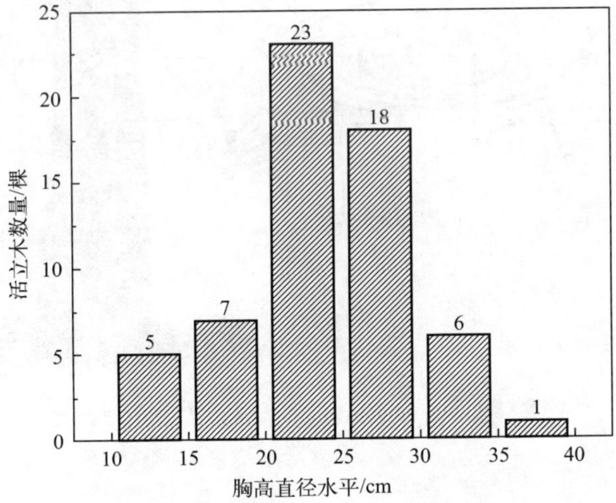

图 10-1　各胸高直径水平内的活立木数量分布

（Song et al.，2024）

鉴于样本树木的胸高直径主要在20～30cm之间，随机选择了两棵活立木用于监测表面和内部温度。使用便携式非接触红外温度计（Testo 810，Testo Instrument LTD，德国）测量活立木表面温度和环境温度。为了确保读数准确，红外发射端口放置在距离树木表面25cm处，并在数值稳定后记录温度数据。环境温度由便携式非接触红外测温仪内置的NTC热敏电阻温度传感器自动测量。利用热电偶测量不同深度的木材内部温度。图10-2显示了安装在树干上的热电偶线（TC1～TC9）的布局。使用数字采集器收集温度数据。使用热电偶重新测量并验证活立木的表面温度（分别为TC1和TC9）。每次现场测量后，使用胶带固定热电偶导线，以防止雨水侵入。

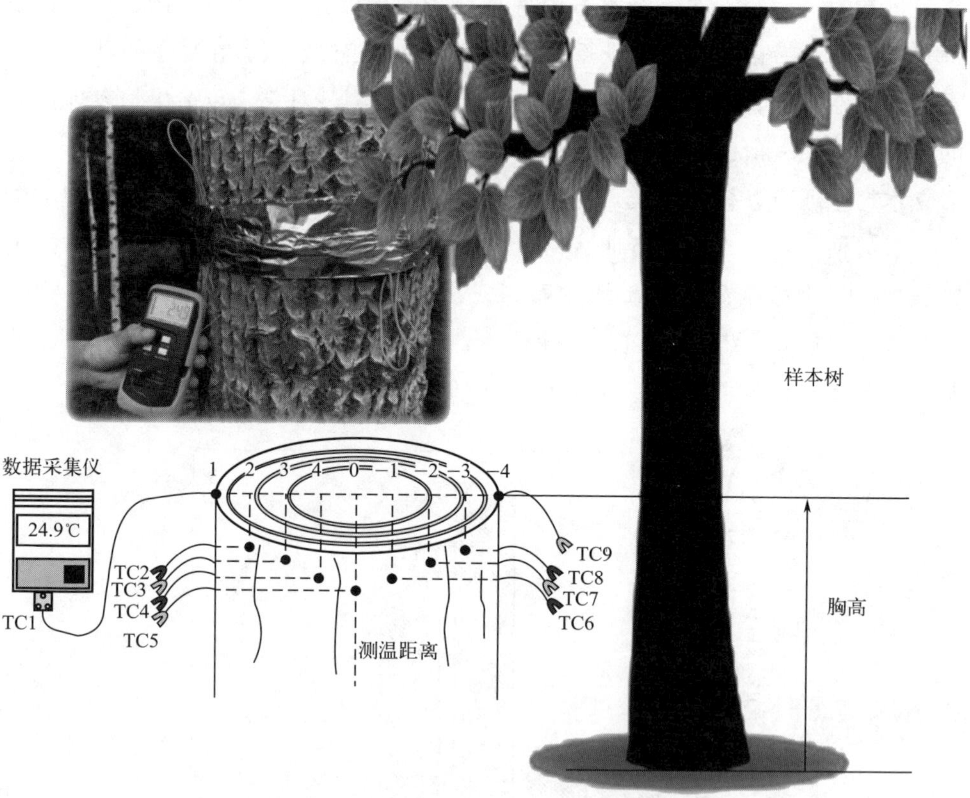

图10-2 用热电偶监测活立木表面温度和内部温度

（Song et al.，2024；TC表示热电偶）

（2）密度和含水量测量

采用增量取芯法，从每棵样本树的树干中提取了直径为5.15mm的木芯，取样方向为南北方向，取样高度为胸高（约 130cm）。提取是在夏季的正常温度（20～25℃）下进行的。每个木芯的全长（FL）至少是活立木横截面直径的一半。现场测量木芯的全长和质量（m_1）。将木芯按照从外向内提取的方向迅速放入塑料管中，管端封闭以防止水分流失，并在管底部做了相应标记。树干上留下的钻孔用橡皮泥填充，以防止潜在的昆虫或真菌损害。在实验室中，从每个样芯的两端切取三厘米长，以测量边材和心材的密度。芯材的体积使用式（10-1）计算：

$$V = 3.14 \times (5.15/2)^2 \times L \tag{10-1}$$

式中　V——心材和边材样芯的体积；

L——心材和边材样芯的精确长度。

在实验室中，将样芯从密封管中取出，称重并记录为 m_2。将样芯固定在木芯凹槽中，并在 105℃下烘干 24～48h。干燥过程中，每 2h 随机选取 5 个样品，使用分析天平称重，直至连续测量的质量差小于 0.0002g。分析天平的重复误差为 0.0002g。烘干后的样芯质量记为 m_0。

样芯的基本密度（ρ）按式（10-2）计算：

$$\rho = m_0/V \tag{10-2}$$

样芯的含水量（MC）按式（10-3）计算：

$$\mathrm{MC} = (m_1 - m_0)/m_0 \tag{10-3}$$

样芯的水分损失（ML）按式（10-4）计算：

$$\mathrm{ML} = (m_1 - m_2)/m_1 \tag{10-4}$$

（3）钻阻测量

本研究中使用的阻力钻探工具称为 Resistograph，是一种基于阻力的机械钻探系统，包括小直径铲式钻头、动力钻探单元和连接到个人计算机串行接口输入的电子设备。由 Resistograph 生成的数据存储在电子单元中。相对阻力变化的曲线可以同时测量、导出并以数字形式记录。本研究中使用的 Resistograph B-400Pro 由 IML（Instrumenta Mechanik Labor GmbH，Wiesloch，德国）制造。标准钻孔钻头的尖端宽度通常为 3mm，直径为 1.5mm。在沿树干直径的两个垂直截面处、平行于木芯路径的方向采样。为了避免阻力钻孔采样路径和增量钻孔机采样路径重叠，两台仪器的采样点保持大约 3cm 的距离。测量过程中，Resistograph 钻头的进给速率设置为 30cm/min（5 级）。通过对充满斜线的阻力曲线下方的面积进行积分，将测量的原始阻力转换为积分阻力值（图 10-3）。

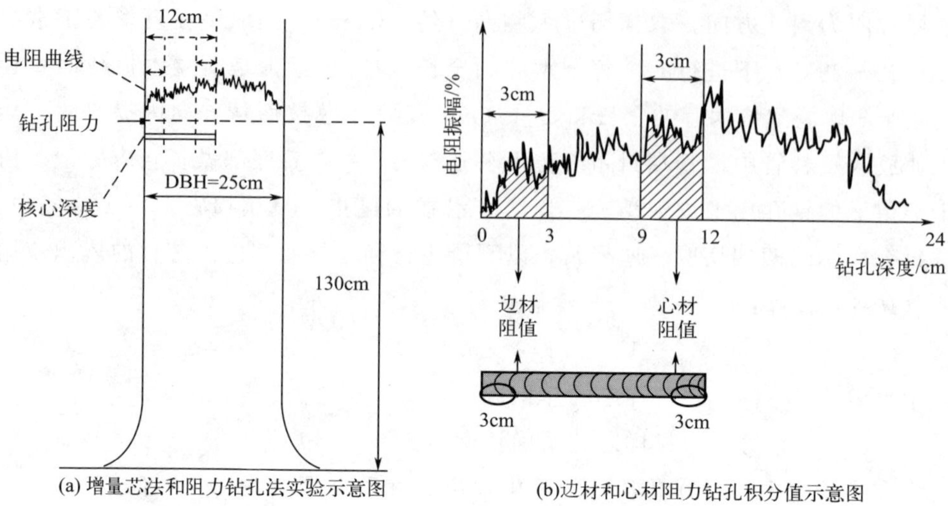

图 10-3　边材和心材的基本木材密度及其相应的钻孔阻力值的测量示意图

（Song et al.，2024）

（4）统计分析

使用 MATLAB R2021 软件进行 RST 的积分计算。使用 IBM SPSS Statistics 26 分析数据，使用 Origin 2022 绘制结果。使用皮尔逊相关系数分析了边材和心材的 MC、RST 以及基本密度之间的相关性。对不同温度下的 RST 测量结果进行单因素方差分析，显著性水平为 0.05。通过多元回归分析检验边材和心材的温度与相对 RST 以及相对基本密度之间的关系，并在 5%置信水平下评估显著性。

10.2.1.2　季节温差对阻力钻孔法的影响

木材密度是木材最终使用和人工林树木质量评估的主要决定因素，而阻力钻孔法作为一种活立木密度的快速评估方法，其准确性受到季节温差变化的影响。例如，在秋季至冬季（温度范围为－20～0℃）期间，心材和边材的钻孔阻力测量值较夏季常温条件（20℃）增加了 6%～22%，相应地，钻孔阻力法估算的平均木材密度从秋季到冬季相对夏季增加了 4%～16%。这一变化表明，季节温差对钻孔阻力结果有显著影响，尤其是在冬季，钻孔阻力法对木材密度的测定值过高，这种高估应在其应用程序中加以考虑（Song et al.，2024）。

图 10-4（a）显示了在三个季节温差显著的一天中，一棵树的阻力值原始

轮廓，以幅度（%）表示，冬季钻孔阻力的幅度明显高于秋季和夏季。不同季节温度下计算的钻孔阻力如图 10-4（b），特别是在低温条件下，木材中的水会发生相变，从液态转为固态冰，导致木材钻孔阻力检测结果出现偏差。

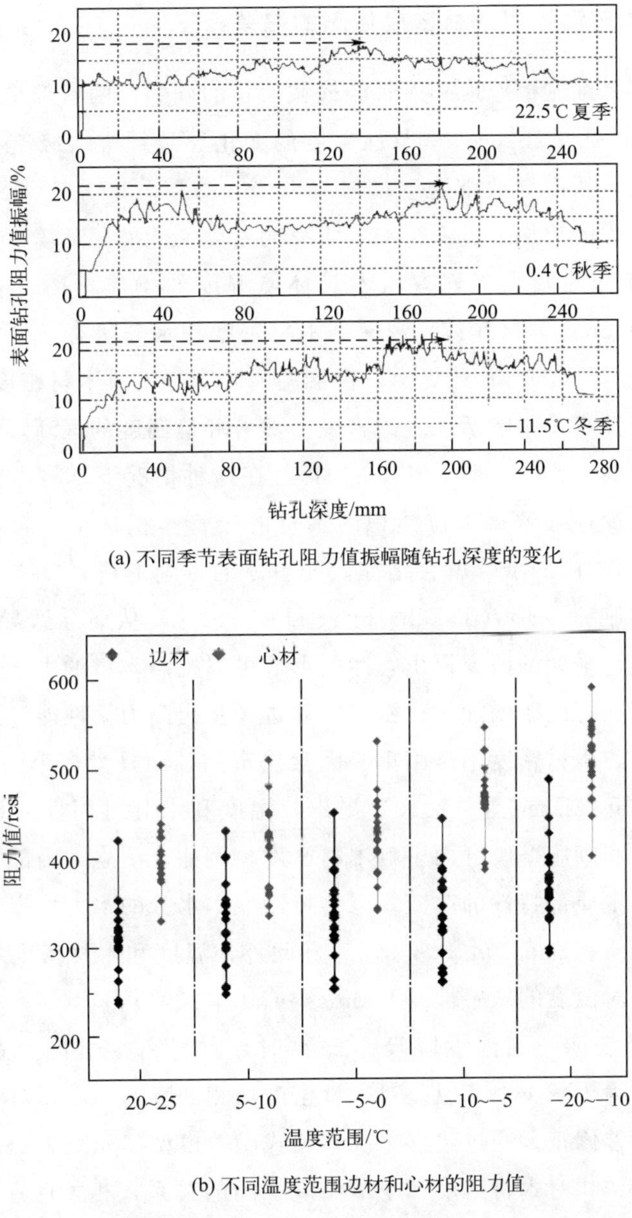

图 10-4 不同季节温度下钻孔阻力值的变化图

（Song et al.，2024）

此外，不同树种在钻孔阻力结果上呈现出的季节变化各不相同。例如，阔叶树种（如大青杨）的钻孔阻力值对低温变化更为敏感，这表明在应用钻孔阻力法评估不同树种的木材密度时，需要考虑进行差异化调整。

10.2.1.3 季节温差对木材密度估测的偏差修正

木材密度是细胞壁厚度和血管腔横截面积的函数，两者都受温度变化的影响（Câmara et al.，2020）。季节性温度的变化导致纤维次级壁上的纤维素等大分子的聚集，从而导致细胞壁增厚（Sette et al.，2016）。这一过程改变了木质部管腔体积的比例，进而影响了木材的密度。此外，环境温度对木材密度的影响可以部分地归因于现有树木对环境湿度的响应（Rocha-Sepúlveda et al.，2023）。Ibanez 等（2017）观察到木材密度和水分状态条件之间有很强的关联。Balasso 等（2021）还提出，极端温度和降雨量对木材密度有显著影响，而水分的可用性直接影响活立木的密度。随着环境温度的逐渐降低，活立木内水的导水性减弱（Thomas et al.，2004）。在这种情况下，将水输送到树冠所需的空隙就越少，导致每单位体积的木材的导管体积减小。当环境温度降到0℃以下时，树木内的水分就会结冰。随着冰的逐渐形成，冷冻应力导致原生质体收缩和细胞壁变形（Takahashi et al.，2021），从而导致导管面积减少。值得注意的是，早期的研究提出，冰的形成可以提高木材的力学性能。可以推断，冰晶的存在有助于增加木材密度，并进一步提高力学性能，这是一个理想的结果。然而，木材密度不是由单一因素决定的，而是受多个因素影响。Van der Maaten-Theunissen 等（2013）提出，温度和水分可用性的相互作用通过影响导管直径和细胞壁厚度而影响木材密度。例如，活立木内部的水分和环境温度都会导致木质部特性的改变，以维持活立木水分的水力稳定性和效率，从而影响木材性质（Choat et al.，2005）。此外，温度和木材密度之间的关系可能来自水黏度对温度的敏感性（Thomas et al.，2004）。

研究结果表明，当温度降至－20℃时，木材密度可能会被高估4%～16%。因此，为了减少季节温差对木材密度估测的影响，需要对钻孔阻力值估测结果进行偏差修正。通过建立二次多项式函数模型，如图10-5，可以描述相对钻孔阻力值、相对木材密度和季节温度之间的关系，相关性系数超过0.922（Song et al.，2024）。这意味着可以通过数学模型来预测季节温度对木材密度估测的影响，并据此进行修正。模型分析表明，在冬季，由于钻孔阻力值显著高于常温条件下的测量值，修正模型可以有效降低测量误差。二次多项式函数的应用不仅可以捕捉低温对木材密度的非线性影响，还可以将钻孔阻力值偏差的修正范围控制在一个合理的精度范围内。进行偏差修正后，估测木材密度的准确性显著提高，尤其是在温度变化较大的冬季和初春季节。

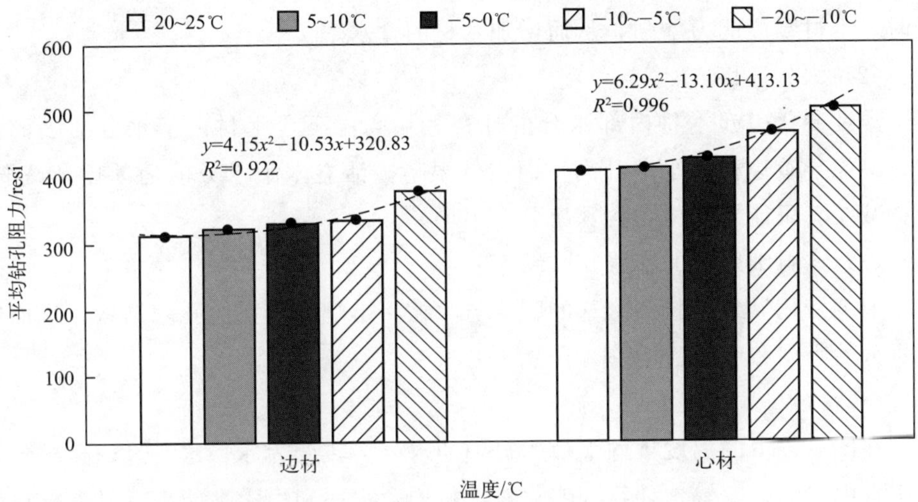

图 10-5　杨树边材和心材的平均钻孔阻力随温度变化图

（Song et al.，2024）

未来的偏差修正工作可以通过引入更多环境变量（如空气湿度、树龄和生长环境）进一步完善模型，以提高钻孔阻力法在实际应用中的可靠性。

10.2.2　季节温差对木材无损检测的其他影响

10.2.2.1　温度变化对木材含水率预测的影响

木材作为一种天然材料，其物理和力学性能深受含水率的影响。在特定含水率下，基本密度可以通过立体测量法、重量法和最大含水率法（Barreiros et al.，2024）轻松测量。木材的质量和体积都随着含水量的变化而变化，特别是在木材的纤维饱和点以下（Williamson，Wiemann，2010）。含水率的变化直接影响木材的稳定性、强度和耐久性，因此，对木材含水率的准确预测对于木材加工和利用至关重要。木材含水率受多种因素影响，其中温度变化是一个不可忽视的重要因素。温度的波动不仅影响木材的水分蒸发和吸湿，还与木材内部水分的迁移和分布密切相关。温度变化通过以下几种机制影响木材含水率。

（1）水分蒸发与吸湿

在常温条件下，木材含水率通常与周围空气的相对湿度保持动态平衡。温度升高时，木材表面的水分蒸发速率增加，导致木材失去水分；相反，温度降低时，木材吸湿能力增强，从而增加木材的含水率。

（2）水分迁移

温度变化引起木材内部水分的迁移。在高温下，木材内部水分向表面迁移，可能导致边材含水率升高；而在低温下，活立木中水分的运动逐渐减弱，迁移减缓，可能导致内部含水率分布不均。

（3）木材细胞壁的膨胀与收缩

温度变化导致木材细胞壁的膨胀与收缩，影响细胞壁的孔隙结构，进而影响水分的吸附和解吸。

（4）冰点以下的温度影响

在冰点以下的温度条件下，木材中的水分会转变为冰，这一过程会导致木材中自由水的减少，这种物理变化对木材的含水率和力学性能都有显著影响。

目前，准确预测木材含水率需要考虑温度变化的影响，木材含水率预测模型主要基于统计学和物理学原理，包括以下几种。

（1）经验模型

基于历史数据和经验公式，通过统计分析建立温度与含水率之间的关系。

（2）物理模型

基于水分在木材中的物理行为，如扩散、吸附和解吸过程，以及温度对这些过程的影响。

（3）机器学习模型

随着大数据和机器学习技术的发展，可以利用机器学习算法，如随机森林、神经网络等，来预测温度变化对木材含水率的影响。

这些模型在预测木材含水率时，都需要考虑温度变化的影响，以提高预测的准确性。温度变化对木材含水率的影响是多方面的，它不仅影响木材的物理和力学性能，还对木材的加工和利用产生重要影响（阚相成等，2022）。因此，在木材含水率预测和控制过程中，必须充分考虑温度变化的影响。未来的研究需要进一步探索温度变化对木材含水率影响的机理，改进预测模型，以实现更精确的含水率控制，从而提高木材产品的质量和性能。

值得注意的是，不同树种的木材对温度变化的响应可能存在显著差异。例如，红松等针叶树种的含水率变化与温度之间的关系与阔叶树种（如大青杨）有所不同。这提示我们，在对木材含水率进行预测时，需要充分考虑树种特性和环境温度的综合影响。为提高预测的准确性，可结合钻孔阻力、环境温度和木材的基本密度，构建多变量回归模型。通过这一方法，不仅可以修正因温度变化引起的误差，还能更精确地评估木材的含水率。

10.2.2.2 温度变化对木材物理性能的影响

木材作为一种天然高分子复合材料，其物理性能如含水率、密度、热导率等，对木材的应用和加工具有重要影响。温度变化是影响木材物理性能的关键环境因素之一，它直接或间接地影响木材的水分状态、细胞壁结构和化学组成，进而影响木材的物理性能。温度变化对木材物理性能的影响机制主要包括以下两方面。

（1）对木材力学性能的影响

温度的波动对木材力学性能有显著影响。随着温度的升高，木材的抗弯强度（MOR）和抗弯弹性模量（MOE）往往会降低。这归因于半纤维素在高温下易分解，木材热处理后损失的主要是半纤维素，而半纤维素在细胞壁中起黏结作用，故热解后木材的力学性能降低（Tjeerdsma et al.，1998）。在低温环境下，木材的 MOE 和 MOR 与顺纹抗压强度有所增加，冲击韧性降低，对顺纹抗拉强度影响不显著。这种现象主要是因为生材中的水分在低温时结冰，使得木材组织内部的孔隙被强度较高的冰填实。随着温度的持续下降，冰的强度也会增加，进而提升了木材的整体力学性能。

（2）对木材尺寸稳定性的影响

温度变化会影响木材的湿胀干缩行为。高温热处理可以改善木材的尺寸稳定性，但同时也会导致木材质量损失和力学性能下降。热处理过程中，木材的尺寸稳定性增强幅度逐渐增大，且受温度的影响较为显著。在 210℃ 下处理时，尺寸稳定性的改善最为明显。然而，热处理导致的尺寸稳定性改善是以牺牲部分力学性能为代价的（Yang et al.，2020）。

温度变化对木材物理性能有着复杂的影响，这些影响不仅决定了木材的应用范围，还对木材加工技术提出了一定要求。因此，在木材加工和应用过程中，必须充分考虑温度变化的影响，以确保木材产品的性能和质量。未来的研究需要进一步探索温度变化对木材物理性能影响的机理，以改进木材处理技术，优化木材性能，满足不同应用场景的需求。通过深入理解这些影响因素，可以更好地利用木材资源，提高木材产品的市场竞争力和使用寿命。

10.3 基于电阻抗谱的树木冻害温度及影响因素研究

低温是对温带或北方地区树木最有害的环境胁迫之一。由冷藏和冷冻引起的木材组织冻害因其每年对全球木材利用的重大经济影响而引起了极大的关注（Snyder，J Paulo de Melo-Abreu，2005；Gale，Moyer，2017；León-Chan et al.，2017；Ouyang et al.，2019；Guan et al.，2023）。此外，低温是一个主要的非生物胁迫因素，对植物的生长和发育有深远的影响（Ritonga，Chen，2020）。因此了解在零下温度下木材组织中发生的结构变化对于研究树木冻害的潜在机制具有现实意义。电阻抗谱（EIS）分析可以用来研究树木在低温时的性能状态。

10.3.1 基于电阻抗谱的冻害研究

电阻抗谱（EIS）是一种无损检测方法，广泛用于评估各种木材细胞、组织和整株植物对冷冻胁迫、冷适应和腐烂的生理变化（Luoranen et al.，2004；Wu et al.，2008；Yue et al.，2018）。组织的细胞结构的电阻抗包括电阻和电容；电阻抗在不同的频率范围内表现出变化，并且 EIS 轮廓及其参数直接反映了组织细胞中发生的生理变化（Ando et al.，2014；Repo et al.，2016；Jócsák et al.，2019；Wu et al.，2019）。EIS 参数已被用于通过将其转换为温度响应拐点［即半致死温度（LT_{50}）］来评估植物的抗寒性（Repo et al.，2000；Wu et al.，2008；Repo et al.，2021）。以中国的东北林区为例，这个地区的树木在冬季忍受长时间的零下温度。该地区记录的历史最低温度低于－50℃，暴露在极端低温下的木本植物会发生冻害，长期暴露在冰点以下环境的树木会发生脆性断裂、冻裂，甚至死亡，通过 EIS 研究冻害发生的温度和条件是认识冻害机理的基础，这对了解珍贵树种对寒冷条件的抗性具有重要价值。

在对待测材料进行电阻抗谱检测时，应将导电涂料均匀地施加到样品部分的两个径向小平面上，使用绝缘橡胶将导线的一端固定在木材样品的表面上，另一端使用镀锡铜连接到绝缘夹具上。采用高频 LCR 数字电桥在 80Hz～

1MHz 的频率范围内测量阻抗谱，包括实部和虚部如图 10-6 所示。正弦信号的输入电压设定为 100mV，在基于实部和虚部的分布式电路模型中，采用单 DCE 模型即一种分布电路元件模型，该模型能够较好地模拟植物组织的电学阻抗特性，尤其是在低频下电极极化阻抗的影响，因此使用该模型对 EIS 参数进行建模具有一定合理性。该模型如式（10-5）所示：

$$Z = R_{\infty} + \frac{R}{1 + (\mathrm{i}\tau\omega)^{\psi}} \tag{10-5}$$

式中　Z——阻抗，包含实部和虚部；

R_{∞}——高频电阻，mΩ；

R——直流电阻与 R_{∞} 之差，mΩ；

i——虚数单位；

ω——角速度；

τ——弛豫时间，μs；

ψ——分布系数。

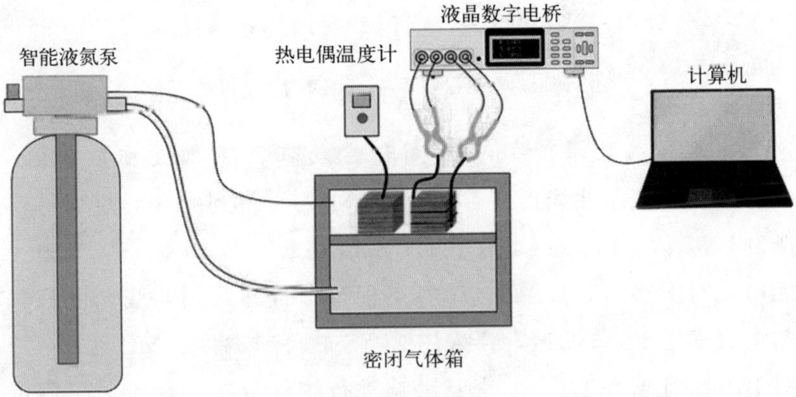

图 10-6　冻结系统连接图

而木材细胞的外阻力（R_e）与内阻力（R_i）分别可以在低频和高频的情况下进行测量如式（10-6）、式（10-7）所示：

$$R_e = R_{\infty} + R \tag{10-6}$$

式中　R_e——细胞外阻力，mΩ；

R_{∞}——高频电阻，mΩ；

R——直流电阻与 R_{∞} 之差，mΩ。

$$R_i = R_\infty \left(1 + \frac{R_\infty}{R}\right) \tag{10-7}$$

式中　R_i——细胞内阻力，mΩ；

R_∞——高频电阻，mΩ；

R——直流电阻与 R_∞ 之差，mΩ。

最后通过将参数进一步计算后得到最后研究所需要的阻力参数（$r_{e/i}$），如式（10-8）所示：

$$r_{e/i} = \frac{A}{l} \times R_{e/i} \tag{10-8}$$

式中　$r_{e/i}$——细胞外或细胞内的电阻率，mΩ·m；

A——样品的横截面面积，m^2；

l——样品的长度，m；

$R_{e/i}$——细胞外或细胞内的阻力参数，mΩ。

而木材冻害中的 LT_{50} 指在温度变化过程中，某个特定的温度值，在该温度值附近，木材对冻害的响应或抗冻能力会发生显著变化。而该值可以由特异性细胞外电阻率（r_e）并结合响应公式拟合与推测，具体如式（10-9）所示：

$$y = \frac{A}{(1+e)^{B(C-x)}} + D \tag{10-9}$$

在这个等式中，y 表示参数 r_e，x 对应暴露温度。参数 A 和 D 定义 S 形曲线的渐近线，参数 B 表示曲线拐点 C。由式（10-5）得到的 S 形曲线拐点 C 对应的温度视为 LT_{50} 值（Repo et al.，1994；Sutinen et al.，1992；Wu et al.，2019）。

因此可先对上述 A、B、C、D 各点进行拟合并采用非线性回归分析的方式进行测量后确定 LT_{50} 的值，再采用 SPSS 软件对温度、MC、冷却速率和冻结时间对 EIS 特征值和 LT_{50} 的交互影响进行统计分析和评价。采用重复测量的单因素方差分析来检验 MC、冷却速率和冻结时间之间的 EIS 特征（r_e、r_i、τ）和 LT_{50} 的显著差异。

10.3.1.1 电阻抗谱技术在冻害研究中的应用

由于植物组织具有被动电特性，生物组织的阻抗主要与细胞离子含量、细胞膜结构和黏度有关（Jócsák et al.，2019）。植物组织中的水是电流的导体，因此组织内水的状态和含量的任何变化都会直接影响离子迁移、膜通透性和植物的生长等，导致相应的组织阻抗变化（Repo et al.，1997；Ando et al.，

2014）。而在温度较低时松木与杨木的边材组织所测的 EIS 特征——弛豫时间（τ）、细胞外电阻率（r_e）是存在差异性的，通过控制温度（T）、含水量（MC）、降温速率等变量的实验测得的数据如图 10-7、图 10-8 所示，特别是在－40～－80℃的范围内边材组织的阻抗特性变化显著。

通常在－40℃左右观察到树木冻伤（Repo et al.，2022），但木质部薄壁细胞中冻结的出现不仅取决于环境温度，还受到栓塞、空化、木质部汁液离子含量、导管直径、细胞壁硬度、木质素化程度和细胞成熟度等因素的影响（Wu et al.，2019）。植物的冻害主要是由水冻结成冰晶和细胞脱水引起的细胞膜损伤（Pearce，2001）。在 EIS 的大多数频率范围内，植物组织的电学特性受到其含水量的显著影响（Tiitta et al.，2009；Tomppo et al.，2011）。因此在研究 EIS 特征时，往往也需要考虑环境温度等其他因素对树木冻害的影响。

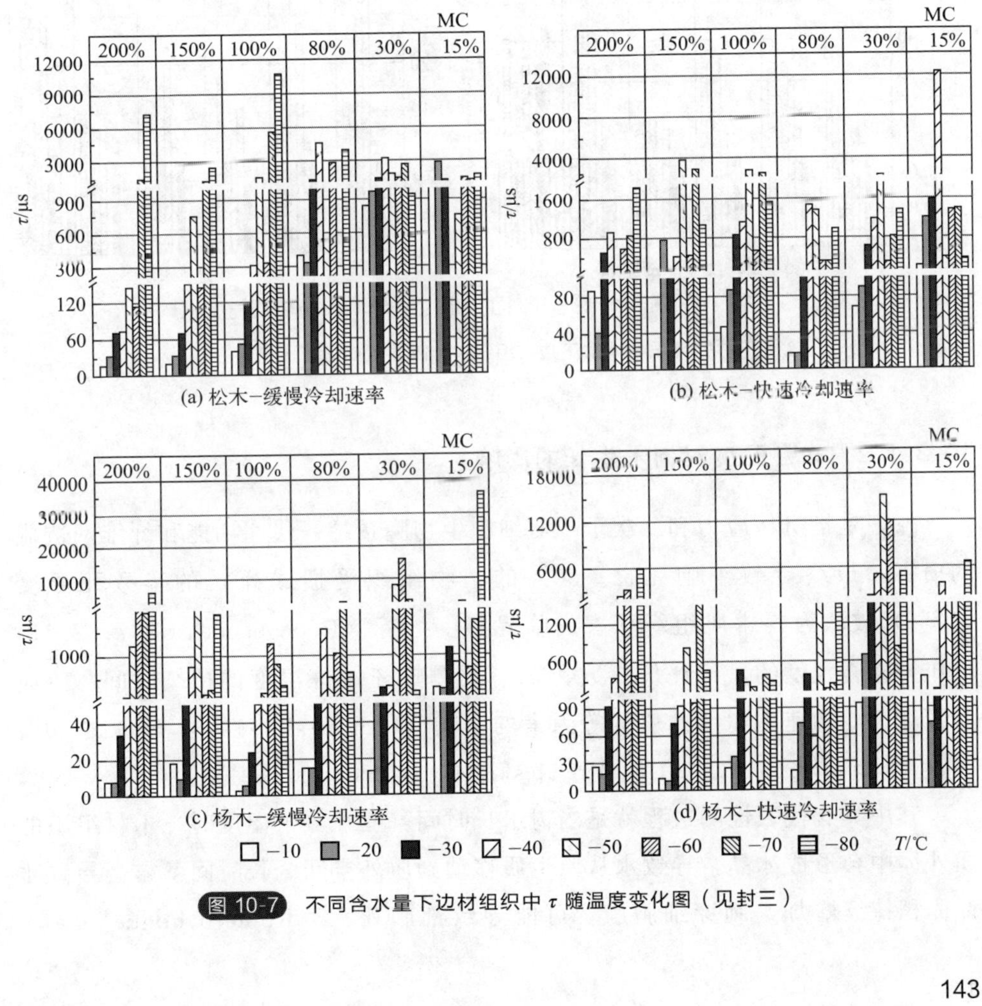

图 10-7 不同含水量下边材组织中 τ 随温度变化图（见封三）

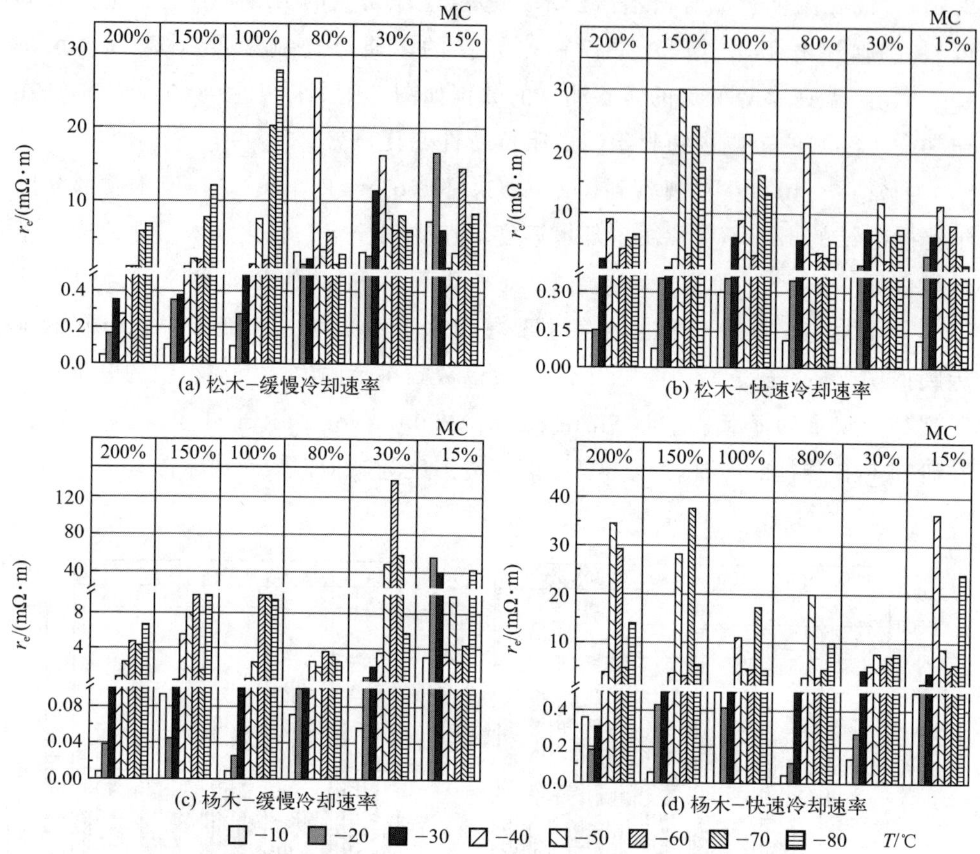

图 10-8 不同含水量下边材组织中r_e随温度变化图（见封三）

10.3.1.2 冻害温度对树木生长的影响

冻害是指机械应力和二次干旱对细胞生物膜系统、代谢功能和纤维网造成的损害，最终导致细胞死亡。50%的植物组织受损或死亡的半致死温度（LT_{50}）被认为是木质组织冻害的临界温度指标（Repo et al.，1997；2021）可作为冻害程度的量化评价参数。LT_{50}受暴露于冷冻温度的持续时间、冷应力强度、冷却速率和结冰位置等因素的影响（Lim et al.，1998；Beck et al.，2004；Fujikawa et al.，2018；Kovaleski，Grossman，2021）。

其中具有代表性的过程就是当树木长时间暴露在零下温度时，木材组织的质外体中会形成冰晶，导致水从原生质移动到质外空间。长时间暴露会导致冰晶体积持续增加，刺穿细胞膜，可能导致细胞死亡（Romero Fogué et al.，

2022；Mihailova et al.，2020)。除了暴露于冰冻温度的持续时间之外，环境温度下降的速率是另一个影响木材组织中冰形成的因素。当冷却速率较快时，原生质中的水没有足够的时间排出，而在细胞内形成冰晶。这会导致冷冻损伤反应，如细胞膜破裂和胞质外流，造成进一步的损伤并可能导致细胞死亡。

温度降至极低（－50℃）或气温骤降会导致冻害，阻碍树木的生长、降低木材生产力。木材组织的冻结会导致冻裂和冻害，甚至威胁树木的生存（Pearce，2001；Guy，2003)。木材细胞膜的损伤源于冷藏或冷冻导致的冰形成和细胞脱水（Shammi et al.，2022)。深度过冷或细胞外冷冻是木材组织和器官适应零下温度以抵抗冷冻损伤的机制（Gusta，Wisniewski，2013)。然而，如果温度继续下降，深度过冷的水最终会冻结，导致对组织的致命伤害（Ashworth，Davis，1984)。

10.3.2　冻害影响因素的实验研究

10.3.2.1　环境因素对冻害发生温度的影响

实验结果（图 10-7）表明，对于快速和慢速冷却速率下的所有 MC 水平，两种物质的弛豫时间（τ）通常随着温度的降低而增加。在松木-缓慢冷却速率组中，不同 MC 水平的松树的 τ 变化不同。τ 的增加主要发生在－70～－80℃。在松木-快速冷却速率组，MC≥30%的组织在－40～－50℃和－60～－70℃范围内显示出显著的 τ 变化。MC 为 15%的组织仅在－40℃时 τ 显著增加。

由图 10-8 能发现，与－10℃相比，r_e 在其他零下温度点都表现出不同程度的上升，上升幅度既随含水率变化，也与冷却速率有关。对于松木-缓慢冷却速率组［图 10-8（a）］：高含水率（100%、150%和 200%）样本，r_e 在－80℃时达到最大；在中等含水率（80%）时，r_e 在－40℃附近呈峰值；对于低含水率，r_e 分别在－40℃（含水率为 30%）和－20℃（含水率为 15%）达到最高。对于松木-快速冷却速率组［图 10-8（b）］各含水率组在－40℃或－50℃出现 r_e 峰值；含水率大于 80%的样本，在－70℃和－80℃处出现次高峰。随 MC 降低（30%、15%)，二次峰值的显著性减弱。杨木-缓慢冷却速率组［图 10-8（c）］整体趋势与松木-缓慢冷却速率组类似：高 MC 样本的 r_e 在－70～－80℃区间继续上升，中 MC（80%）样本在－40℃后 r_e 增长变慢，低 MC（30%、15%）峰值分别在－60℃（含水率为 30%）和－20℃（含水率为 15%)。对于杨木-快速冷却速率组［图 10-8（d）］：－40℃、－50℃、－70℃是各 MC 组的主峰位置，含水率大于等于 80％的样本在－70～－80℃处出现次峰。

这些结果表明，r_e 和 τ 随着温度和 MC 的变化而显著变化。而方差分析结果显示，零下温度、MC 和冷却速率对边材组织的 r_e、r_i 和 τ 表现出高度显著的影响如表 10-1 所示。此外，它们的相互作用对边材组织的 r_e、r_i 和 τ 也有显著影响。

表 10-1　重复测量 MC、冻结时间和冷却速率对 EIS 特性（r_e、r_i、τ）的方差分析

变量类型	Pi					
	r_e		r_i		τ	
	F	P	F	P	F	P
MC	1670.199	0.000**	98.549	0.000**	524.827	0.000**
T	4159.020	0.000**	98.507	0.000**	1895.976	0.000**
CR	1355.403	0.000**	434.501	0.000**	634.760	0.000**
MC/T	1614.349	0.000**	35.328	0.000**	647.100	0.000**
MC/CR	2051.950	0.000**	74.786	0.000**	705.423	0.000**
T/CR	1679.400	0.000**	94.150	0.000**	1185.106	0.000**
MC/T/CR	1802.738	0.000**	56.226	0.000**	597.734	0.000**
变量类型	Po					
	r_e		r_i		τ	
	F	P	F	P	F	P
MC	335.501	0.000**	45.7390	0.000**	908.567	0.000**
T	513.056	0.000**	16.035	0.000**	795.155	0.000**
CR	213.267	0.000**	116.688	0.000**	84.245	0.000**
MC/T	239.823	0.000**	10.685	0.000**	461.684	0.000**
MC/CR	195.802	0.000**	35.415	0.000**	206.478	0.000**
T/CR	149.030	0.000**	8.771	0.000**	154.432	0.000**
MC/T/CR	224.383	0.000**	10.352	0.000**	207.052	0.000**

注：1. ＊＊表示 $P<0.01$。

2. 基于木材的含水率（MC）、温度（T）、冷却速率（CR）及其统计学上显著的交互作用，对松木（Pi）和杨木（Po）木材组织中细胞外电阻率（r_e）、细胞内电阻率（r_i）和弛豫时间（τ）估计值的变异来源的 F 值和 P 值。

再根据参数 r_e，利用公式（10-9）估算两种树种各转变温度下边材对应的 LT_{50} 值。计算了不同 MC 水平和冷却速率下的 LT_{50} 值，见表 10-2。

表 10-2　水分含量（MC）、降温速率对 LT_{50} 的因素方差分析

树种	降温速率	MC	不同冷冻时间的 LT_{50}/℃	
			0.5h	1h
Pi	慢速	200%	−60.50±1.55a	−43.86±2.91a
		150%	−57.31±1.29b	−41.29±2.27a
		100%	−52.83±2.37c	−40.68±2.03a
		80%	−51.62±1.67cd	−32.13±2.34b
		30%	−49.44±1.52d	−25.13±1.75c
		15%	−50.30±1.71cd	−23.88±1.90c
	快速	200%	−41.02±1.49ab	−30.35±1.56a
		150%	−42.61±1.24a	−31.20±1.44a
		100%	−43.02±1.76a	−31.82±1.48a
		80%	−39.09±1.55b	−29.78±1.90a
		30%	−40.02±1.99ab	−21.05±1.93b
		15%	−38.10±1.28b	−20.00±1.97b
Po	慢速	200%	−57.23±1.36a	−54.86±1.34a
		150%	−58.25±1.59a	−54.34±2.76ab
		100%	56.78±3.10a	−51.27±1.53b
		80%	−41.58±1.50c	−36.49±2.39d
		30%	−50.98±1.40b	−44.16±1.41c
		15%	−40.81±1.78c	−33.77±1.66d
	快速	200%	−47.61±1.59a	−41.98±1.49ab
		150%	−49.93±1.99a	−42.41±1.95ab
		100%	−48.02±1.74a	−43.16±0.91a
		80%	−47.80±1.32a	−39.81±1.51b
		30%	−44.00±1.94b	−32.14±1.59c
		15%	−44.36±1.58b	−30.60±1.52c

注：表中不同小写字母表示同一树种在相同降温速率、不同含水率条件下的 LT_{50} 存在显著差异（$P<0.05$）。

慢速冷却组和快速冷却组的 LT_{50} 值比较表明，在 0.5h 和 1h 的冷冻时间内，除 Po 组 80%和 15%MC 的样品的 LT_{50} 值外，慢速冷却组的 LT_{50} 值都略低于快速冷却组。

结果显示，MC、冻结时间和冷却速率对边材组织的 LT_{50} 值有显著影响。方差分析结果证实了 MC、冻结时间和冷却速率及其相互作用对边材组织 LT_{50} 值的显著影响（$P<0.0001$）（表 10-3）。

表 10-3　各环境因素对边材组织 LT_{50} 的影响程度

变量类型	Pi		Po	
	F	P	F	P
含水率（MC）	67.32	0.000**	126.22	0.000**
冷冻持续时间（D）	1515.73	0.000**	269.72	0.000**
降温速率（CR）	483.39	0.000**	187.70	0.000**
MC/D	27.77	0.000**	5.91	0.000**
MC/CR	16.78	0.000**	41.37	0.000**
D/CR	30.07	0.000**	17.31	0.000**
MC/D/CR	2.57	0.038	1.44	0.224

注：1. ** 表示 $P<0.01$。

2. 针对含水率（MC）、冷冻持续时间、降温速率及其统计学上显著的交互作用的 LT_{50} 估计值的 F 值和 P 值。

10.3.2.2　冻害温度对边材组织的影响

在自然界中，不同类型的植物通常以相对较慢的速度冻结（−1～3℃/h）（Arora，2018）。相比之下，细胞内水在自然偶发性霜冻下的冻结并不常见，但在涉及快速冻结的人工条件下可能发生。对于本研究评估的松样，在 10℃/min 的快速冷却速率下，LT_{50} 值普遍高于 2℃/min 的慢速冷却速率下的 LT_{50} 值，在 15 ～ 20℃之间。降温速率对两种植物的 LT_{50} 值均有显著影响（$P<0.01$）（表 10-3）。这表明环境温度下降速度越快，冻害发生越早。

而不同的冻结时间会导致不同程度的结构破坏。当冷冻持续一段时间后，即使温度被认为是“无害的”，组织也会死亡（Gusta et al.，1997）。LT_{50} 值受到冻结时间的显著影响。通常，冻结时间为 1h 与冻结时间为 0.5h 相比，在 MC 超过 80%的情况下，LT_{50} 值高出 10～15℃，在 MC 低于 80%的情况下，

LT_{50} 值高出 10～20℃。这些结果表明，树木组织可以忍受冻结期间的短暂脱水和极度脱水，但不能忍受长时间脱水（Gusta et al.，1997）。较长的冻结时间会导致边材组织过早死亡，这表明短时间和长时间冻结存在不同的抗冻机制。本研究的结果表明，短期冻结和长期冻结对不同树种的影响是不同的。木质部深度过冷和细胞外冻结的发生主要受组织的环形多孔结构和细胞壁厚度的影响，细胞壁弹性较大，在冷冻过程中容易发生脱水反应。细胞在冷冻过程中抵抗脱水塌陷的能力也与细胞壁厚度有关（Gusta et al.，1983；Gusta et al.，1997）。

理论上，除了细胞内冻结外，植物组织中的水在－40℃已全部冻结，因为纯水的均匀冻结温度约为－38.5℃（Pearce，2001）。然而，由于细胞外空间存在冰成核活性物质，植物组织中经常发生非均匀冰成核。这意味着在自然界中，霜冻损害在植物组织中发生得更早。以往的研究也表明，大多数树种茎和幼苗组织的 LT_{50} 值集中在－40℃左右（Repo et al.，2022；Wu et al.，2019）。

然而，值得注意的是，－60℃非常接近植物组织中深度过冷的极端温度。植物的深度过冷可能发生在－15～－60℃之间，而－60℃通常接近木质部组织的极端温度。在本研究中，在冷冻过程中没有检测到低温放热反应（LTEs），可能是在一定温度范围内长时间冷冻，导致细胞内的所有可冻结水从木质部细胞逃逸到远端部位。相比之下，在其他物种如宾夕法尼亚白蜡（Gusta，1983）中，在解冻时检测到 LTEs。然而，由于其随机性，确定成核温度和过冷点并不是一项简单的任务，估计这些参数需要对单个样品进行 200～300 次测量。这在研究整株植物时是不实际的，因为连续的冷冻和解冻会改变组织特性。

植物组织冻害的发生受多种复杂因素影响，涵盖组织的生理状态、结构、含水量（MC）、碳水化合物构成、冷却速率以及冷冻时长等。这些因素的特性复杂，通常不符合正态分布的假定条件，而且难以与霜冻损害程度构建起精准有效的关联。通过对冻结因素与边材组织 LT_{50} 之间关系的研究发现，MC 和冻结时间对木材组织 LT_{50} 值的改变有着更为突出的作用，相较而言，冷却速率的影响程度则较为轻微。尽管 2℃/min 和 10℃/min 的冷却速率相对较快，二者对 LT_{50} 的影响存在差异，但总体影响幅度均较小。需着重指出的是，MC、冷却速率以及冻结时间在冻害发生温度方面的相互作用是不容忽视的关键因素，应当纳入综合考量范畴。

10.4 基于压电效应与声发射技术的木质托盘损伤检测与环境适应性研究

10.4.1 木质托盘损伤检测技术研究

木质托盘作为物流和运输中的重要承载工具，广泛应用于货物的堆垛、运输和仓储。然而由于累积应力、受力不均匀、振动剧烈（Patricio，Maravall，2007）等因素，木质托盘在持续使用过程中通常会出现如开裂、铺板脱落、钉子松动和弯曲（Zacchei et al.，2022）等损伤情况，如图 10-9 所示。如果不能及时预测或检测到损伤，将造成严重的经济损失。因此，有必要对木托盘中的缺陷或损伤检测进行广泛的研究。目前，已经提出了各种无损检测方法用于缺陷检测（刘佳等，2024），即在不破坏物体的情况下，实时有效地评估木质托盘的损伤状态。常见的技术包括压电技术、声发射检测等。

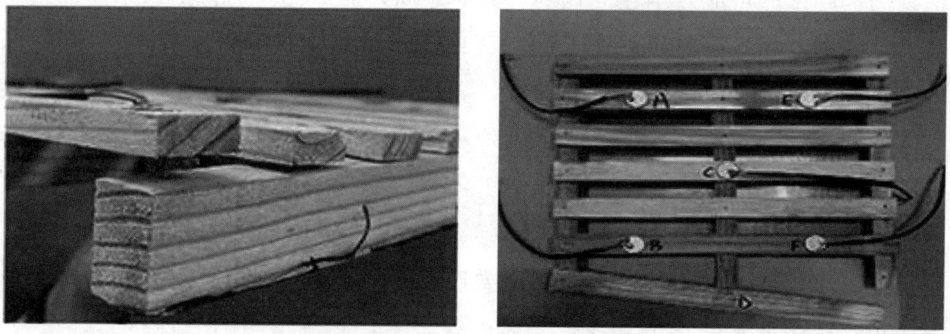

(a) 起钉　　(b) 铺板脱落

图 10-9 木质托盘起钉、铺板脱落现象

10.4.1.1 压电技术与声发射技术在木质托盘损伤检测中的应用

近年来，随着智能材料技术的应用，基于压电效应的结构健康监测（SHM）技术研究逐渐发展起来。压电技术基于压电效应，即某些材料在受到机械应力作用时，会在其表面产生电荷，反之，当施加电场时，压电材料会发生形变。在木材无损检测中，压电传感器可通过产生和接收声波信号来分析木材的内部结构和损伤状态，如图 10-10 所示。研究表明，基于压电效应已提出

了不同的缺陷检测方法。利用压电传感器（PZT）进行的连接元素直方图方法在木质托盘纹理图像的分析与识别中已展现出应用潜力（Patricio，Maravall，2007）。高珊等（2022）探讨了基于压电技术的木质托盘在遭受跌落损伤时的行为，旨在及早发现损伤并进行预防和修复。Xiong 等（2021）将压电陶瓷传感技术与视觉分类算法相结合，有效地评估木材损伤情况。Han 等（2019）使用 PZT 作为致动器和传感器来检测木材连接结构中的损伤以及损伤程度与能量变化之间的关系。

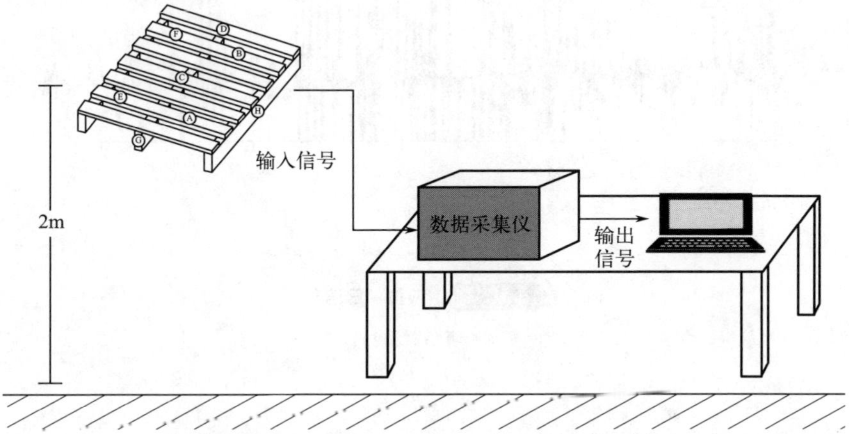

图 10-10　木质托盘利用压电传感器跌落试验示意图

声发射（AE）是指材料局部因能量快速释放而产生的瞬态弹性波现象，也称应力波发射。声发射技术作为一种无损检测（NDT）方法，广泛应用于木制品结构监测（Nasir et al.，2022）。Panasiuk 和 Dudzik 建立了复合材料在准静态拉伸下声发射信号与损伤模式之间的对应关系，以实现损伤监测。图 10-11 展示了典型的突发型和连续型 AE 信号。Ai 等（2024b）发现随着托盘损伤程度的增加，声发射信号分布的频率也在变化。同时，近年来越来越多的研究者开始关注将声发射技术与其他检测方法结合，应用于结构损伤的识别与监测。李猛等（2024）建立了声发射参数和数字图像系统对木构件裂纹损伤规律的预测和评价体系，为研究含不同裂纹形态木构件损伤评价机制提供了方法依据。刘佳等（2024）利用 BP（反向传播）神经网络对 AE 检测结果进行识别，以提高木制品损伤检测精度。这些研究表明声发射技术有可能实现木托盘及其他木产品的损伤检测。

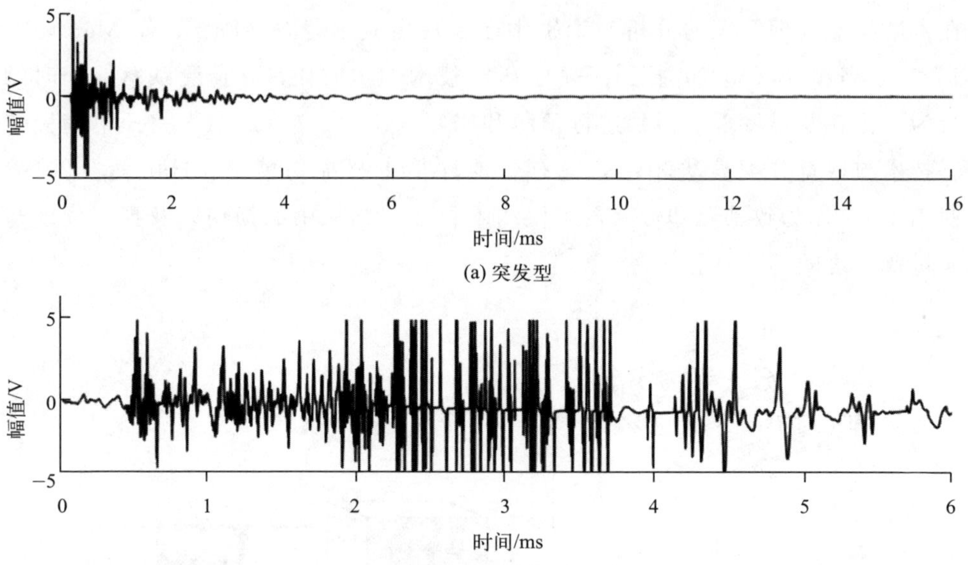

图 10-11 典型 AE 信号

（王明华，2023）

10.4.1.2 木质托盘损伤检测技术的综合评价

在木质托盘的损伤检测中，声发射技术和压电技术都被广泛应用，用于监测托盘在使用过程中的结构变化和损伤。然而二者在使用过程中也各有利弊。

压电技术在木质托盘的监测与评估中具有显著的应用潜力，其中压电传感器能够实时响应外部载荷、振动和应力变化。这使得它能够快速、持续地监测木质托盘在使用过程中的状态，尤其是在运输、堆放或搬运过程中。通过实时数据反馈得以持续跟踪木质托盘的状态，有助于在出现异常时进行及时处理，避免损伤进一步扩大。然而，压电技术在无损检测领域也存在一定的局限性。尽管已被证明对跌落损伤的瞬态响应分析有效，但它不适用于损伤程度的稳态检测和分析（Ai et al.，2024b）。

声发射（AE）检测技术可以检测和评估整个结构的活动缺陷状态（李猛，2024），同时适用于表面损伤的实时监测和振动检测，尤其是在木质托盘受到压力或摩擦的情况下，能够及时反映木材的受力状态，可以提供随负载、时间和温度等外部变量变化的活性缺陷的实时或连续信息。虽然 AE 参数分析法在木基材料损伤研究中具有很强的应用性，但仅能对加载损伤过程进行阶段分析（刘佳等，2024），对于材料在无负载状态下的损伤（例如，由于环境因素引起的损伤）或者加载完成后的损伤稳定性分析，AE 参数分析法可能无法提供足够的信息。

10.4.2　环境因素对木质托盘损伤检测的影响

环境因素对木质托盘损伤检测的影响是多方面的。温度、湿度、紫外线、污染物、机械振动以及微生物等都可能对木托盘的结构和损伤状态产生影响，进而影响损伤检测的准确性和可靠性。如 Ai 等（2024a）研究表明温度和含水率对损伤检测结果的影响显著，低温或高含水率都会加速使用过程中木质托盘的损坏。为了提高木质托盘的损伤检测效率，需要考虑这些环境因素，并采取适当的防护修正措施，可以结合多种检测手段（如视觉检查、超声技术、压电传感器、声发射等）进行全面检测。同时，对传感器进行适当的防护和校准，能够减少环境因素带来的干扰，提高损伤检测的精确性。

10.4.2.1　温度与湿度对木质托盘损伤检测的影响

木材是木质托盘的原材料，木质托盘的性能、耐久性和适用环境都直接受到木材特性的影响。而木材是一种天然的多孔材料，其物理特性（如密度、硬度、弹性模量等）会随温度和湿度的变化而波动，在周围环境温度、湿度发生变化时，木材极易发生吸湿行为，产生湿胀，甚至变形等现象（温佳璐等，2024），严重影响木材的应力分布和力学性能，从而影响损伤检测方法的准确性。

温度和湿度对木质托盘的损伤检测有多方面的影响。湿度主要影响木材的膨胀和收缩，而温度变化会导致木材的脆化和干裂。湿度和温度的极端变化可能掩盖或增强某些损伤，影响检测方法的灵敏度与准确性。如超声技术常用于木质托盘的损伤检测，尤其是内部的裂纹、空洞等损伤。然而，温度和湿度的变化会影响声波在木材中的传播速度，从而改变超声波的传播特性。压电传感器常用于检测木质托盘的微小变形和损伤。但在高温或高湿度环境下，压电材料的性能可能会受到影响，导致信号的响应不稳定。此外，湿度过高可能导致木材表面形成水膜，从而增加摩擦力，影响传感器的灵敏度和准确度。声发射技术用于监测木材内部的裂纹扩展过程。在温、湿度变化的环境下，木材的膨胀和收缩会影响裂纹扩展的模式，进而影响声波的传播路径。湿度过高可能导致木材表面吸水，改变损伤信号的传播特性，增加检测难度。这使得木托盘在不同环境条件下进行损伤检测时，应考虑环境条件对检测仪器的影响，可能需要采取适应性措施（如温、湿度补偿、定期校准设备等）以提高检测结果的准确性。

10.4.2.2 木质托盘在不同环境条件下的适应性分析

木质托盘在不同环境条件下的适应性受其材料特性、环境因素和处理方法的影响。不同的环境条件（如湿度、温度、负载等）对木质托盘的性能和耐久性具有重要影响。

湿度是影响木质托盘适应性的关键因素之一。高湿环境下，木材吸湿膨胀，可能导致托盘变形、开裂或腐烂。特别是在长期暴露于高湿度环境（如雨水、潮湿仓库）中，木质托盘容易出现霉变和虫害问题。因而在潮湿环境下使用木质托盘时，通常需要选择经过防腐处理的木材，或使用干燥和处理过的木材，如热处理木材（杨世军，2015）。低湿环境下，木材可能会失去水分，导致干裂、翘曲和强度下降。木质托盘的尺寸和形状会发生变化，影响负载稳定性。在干燥环境中，应选择经过烘干处理的木材，这可以减少木材收缩的程度。

温度的波动会直接影响木材的韧性、脆性，从而影响木质托盘的结构稳定性。Ai 等（2024a）研究发现当温度降低至冰点以下时，木托盘的承载能力增加，但抗断裂能力却显著下降，这导致木托盘在寒湿条件下使用时发生脆性断裂的风险增加。因此，可以通过定期检查木托盘的完整性，及时发现裂纹、腐蚀或其他损坏迹象的手段，降低意外的发生率。

木质托盘的适应性还与其承载能力、运输环境（如振动、碰撞等）密切相关。托盘承载后，在物流运输和堆码时，双面铺板和纵梁都将发生不同程度的弯曲变形（刘锋枫，陆佳平，2008）。承载过重的物品可能导致托盘断裂或变形，尤其是在木材较软或未经过适当处理的情况下。使用硬木（如橡木、枫木）或经过处理的木材（如压力处理木材）可以增加托盘的承载能力。同时，在设计上可以通过增加支撑结构或加强梁的设计来提高其抗压和抗弯曲能力。

10.4.3 木质托盘损伤检测的多方法联合应用

传统的单一损伤检测方法，如超声波检测、X 射线成像，虽然在某些情况下能提供有效的损伤识别，但往往存在灵敏度不足、误差较大或无法全面覆盖所有损伤类型等局限。为克服这些问题，多方法联合检测逐渐成为研究的热点。通过不同技术的优势互补，不仅能够提升损伤检测的准确性和可靠性，还能够一定程度上规避环境因素带来的干扰。以压电效应与声发射技术联合应用为例，这两种技术的结合，为我们提供了一个全面评估木质托盘损伤状态的新视角。

10.4.3.1　压电效应与声发射技术联合检测木质托盘损伤的策略

在木质托盘的损伤检测中，压电效应和声发射技术作为两种有效的无损检测方法，均能够在实际应用中提供精准的信息。当这两种技术结合使用时，可以发挥各自的优势，实现对木质托盘损伤的全面评估。图 10-12 为压电技术和声发射技术融合后的实验装置。压电效应能够检测木材在应力作用下的局部变形和微小的应力集中区域，这对于早期裂纹的发现十分有效。而声发射技术能够实时监测木质托盘在外力作用下产生的微裂纹、损伤和破裂过程，尤其对于检测内部分裂和动态损伤非常敏感。同时在时间分辨率方面，声发射技术能够在瞬时监测木质托盘的损伤发展过程，而压电传感器可以提供连续的应力/应变数据，这使得联合使用时，能够实现对损伤的实时监控和更全面的评估。在空间分辨率方面，压电效应可以帮助确定特定位置的应力集中区域，而声发射技术则能够提供更多的全局信息，便于判断损伤的分布情况。

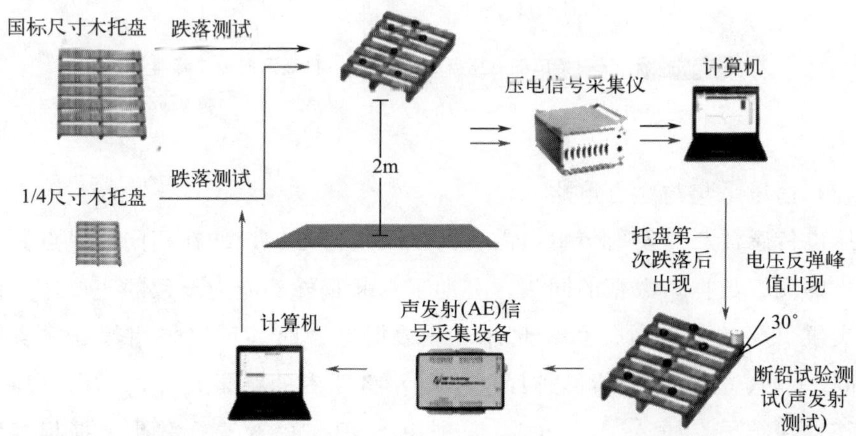

图 10-12　基于声发射技术和压电技术的木质托盘实验装置图

（Ai et al.，2024b）

联合应用压电效应和声发射技术时，通常包括以下策略：

（1）传感器布置策略

压电传感器可以布置在托盘的对称结构以及使用过程中最易变形的位置或关键位置（如角落、连接部位、承重区域等）（Ai et al.，2024b），以便监测木材在受力过程中的应力变化。同时可以使用多个压电传感器以获得更多的数据点，便于后续分析。如图 10-13 所示，声发射传感器可布置在木托盘的纵梁和甲板用钉子固定的接合面处或托盘周围，以检测由内部裂纹或破损引起的声发射信号（Ai et al.，2024b）。

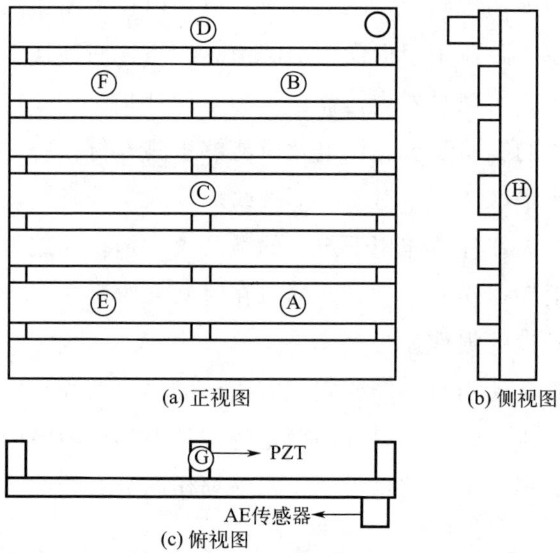

图 10-13 带有传感器的托盘三视图（A～H 表示压电传感器）

（Ai et al.，2024b）

（2）信号采集与融合策略

压电传感器与声发射传感器需要同步采集信号，以便在相同时间点分析两种技术的反馈数据。数据的同步，有助于判断是外部应力导致的变形还是由于内部裂纹引起的声发射信号。此外，在数据融合时，可以采用数据融合算法（如加权平均、主成分分析、神经网络等）将两者的结果合并，得出更加可靠的损伤评估结果。如 Ai 等（2024b）利用 USB-3133A 高速采集卡捕捉声发射传感器和压电传感器的高速信号变化，同时将 LabVIEW 软件与 MATLAB 集成，调用短时傅里叶变换（STFT），对信号的频谱特性进行分析。进行更为准确的损伤检测和分析。

（3）损伤检测与分析策略

在实际应用中，可以通过对特征值的统计分析（如均值、标准差、偏度、峰度等）来判断信号的变化是否异常。如在进行声发射测试时（Ai et al.，2024b），可观察压电电压信号的变化，当压电电压出现反弹峰值时，应重复进行声发射测试。反弹峰值的出现通常代表着结构的某种突发损伤事件，此时的重复检测能够为进一步维修或使用决策提供依据，及时发现潜在故障，提前采取措施，避免更严重的损伤或失效发生。

10.4.3.2　多方法联合检测木质托盘损伤的案例分析

以 Ai 等（2024b）的研究进行分析，使用落叶松和杨树制作的、符合中国标准 GB/T 2934 的四分之一、无损伤或缺陷的木质托盘作为实验对象，利用压电技术和声发射（AE）研究木质托盘的跌落损伤行为。通过收集并分析木质托盘在跌落过程中的压电信号变化规律，获取不同损伤状态下相应的声发射参数。

在压电特征响应方面，经实验得出如图 10-14 所示的木质托盘整个跌落过程中的压电信号。其中每条压电信号线都有颜色，并对应一次托盘跌落。信号的电压峰值出现在托盘着陆的瞬间，且每次跌落的开始时间略有不同，压电信号随时间叠加。即托盘的压电信号峰值电压随跌落次数增加而降低，损伤发生后会反弹，反弹幅度与损伤程度有关。

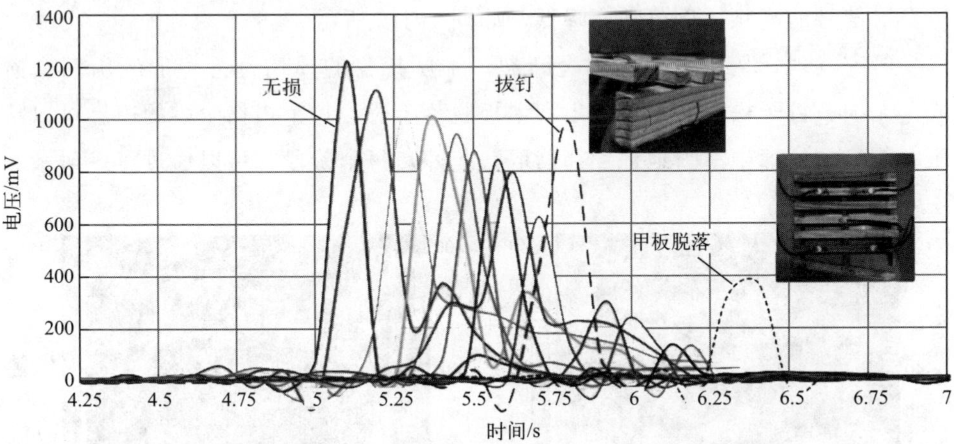

(a) 落叶松

图 10-14

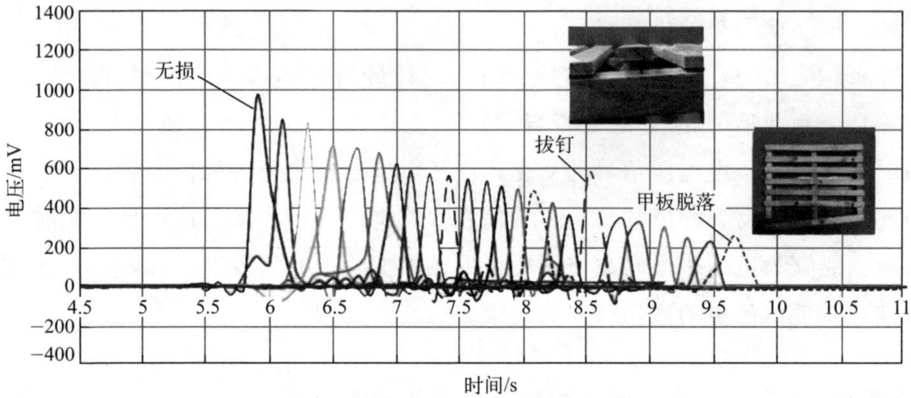

(b) 杨木

第1次跌落 第2次跌落 第3次跌落 第4次跌落 第5次跌落 第6次跌落
第7次跌落 第8次跌落 第9次跌落 第10次跌落 第11次跌落 第12次跌落
第13次跌落 第14次跌落 第15次跌落 第16次跌落 第17次跌落 第18次跌落
第19次跌落 第20次跌落 第21次跌落 第22次跌落 第23次跌落 第24次跌落

图 10-14 木质托盘在不同跌落损伤程度下的压电信号响应

（Ai et al.，2024b）

在声发射特征响应方面，发现随着托盘损伤程度的加剧，声发射参数中的振铃计数、能量和幅度显著降低。同时，随着托盘损伤程度的增加，声发射信号分布的频率带宽逐渐变窄。声发射信号中低频信号比例最大。无损托盘的声发射信号比损坏托盘有更多的高频信号，高频信号的百分比随时间逐渐降低。声发射信号的高频比例也随之降低，如图 10-15 所示。

研究发现，从无损伤到完全断裂，木质托盘的损伤行为一般经历四个阶段：无损、钉子松动、钉子拔出和甲板脱落阶段。每个损伤阶段的边界可以从压电信号的轮廓中清晰地识别和读取。此外，每个阶段都可以通过声发射参数

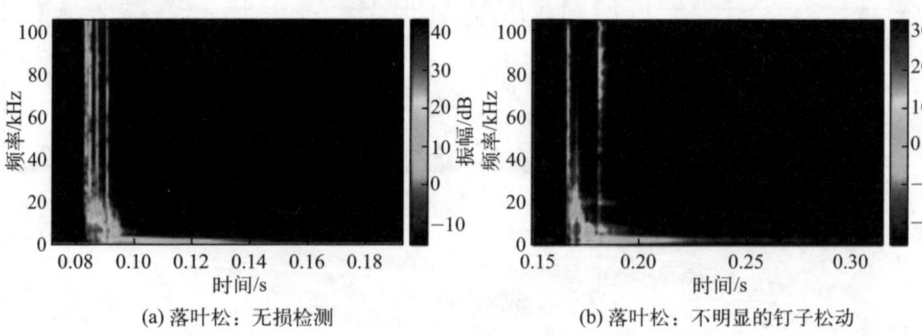

(a) 落叶松：无损检测　　(b) 落叶松：不明显的钉子松动

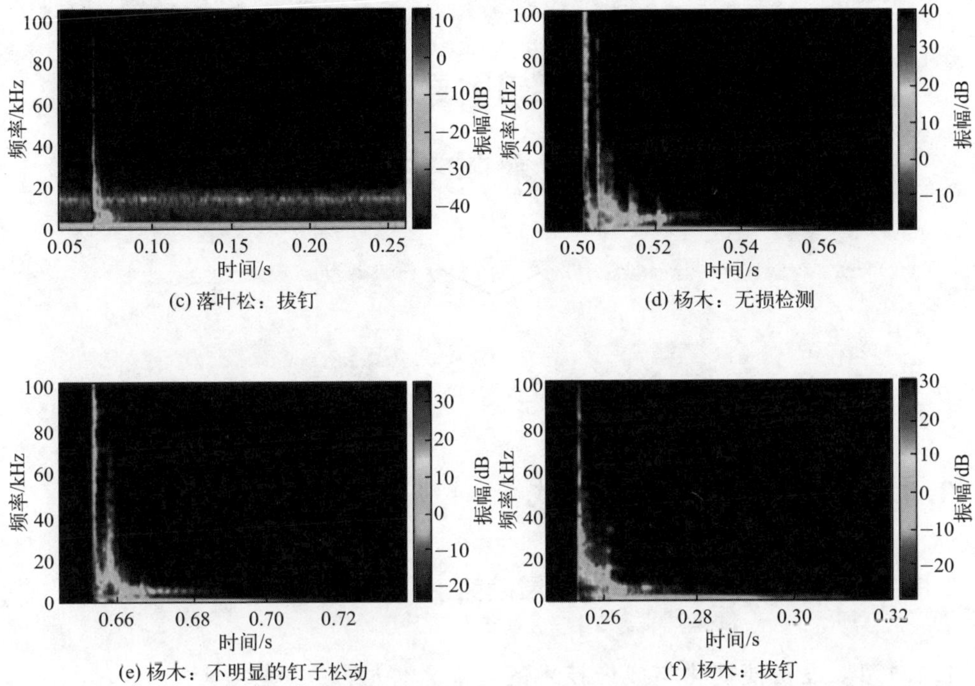

(c) 落叶松：拔钉　　(d) 杨木：无损检测

(e) 杨木：不明显的钉子松动　　(f) 杨木：拔钉

图 10-15　不同损伤程度的声发射信号时频图

（Ai et al.，2024b）

进行有效监测和表征。因此，压电传感器和声发射技术的结合能够确定使用中木质托盘的结构健康状况，提供更全面、更早期的预警信息，有助于木质托盘在运输、存储等环节中的安全性与使用寿命的提高。

10.5　本章小结

本章重点探讨了环境因素对木材无损检测的影响、技术集成与优化，以及长期监测与管理的应用。季节温差、湿度变化和冻害温度等环境因素显著影响木材的密度、含水率和力学性能，进而造成检测结果偏差。为应对这些挑战，采用多技术联合的方式（如超声波与红外成像技术的结合）能够有效提升检测精度与稳定性，尤其是在复杂环境条件下。通过技术集成和数据融合，可以优化检测设备并提高自动化水平，从而应对环境因素对木材性能评估带来的影响。

第11章

木材无损检测技术的未来发展与应用

11.1 未来研究方向与挑战

11.1.1 木材无损检测技术的发展趋势

11.1.1.1 设备便捷化与成像技术的发展

（1）设备便捷化与智能化

未来，木材无损检测设备将朝着便携化、小型化和智能化方向发展。新一代检测设备将集成多种传感器和算法，实现实时监测与分析。例如，通过将压电传感器与声发射技术结合，可有效实现木材结构的动态监测和损伤定位。此外，基于人工智能（AI）的检测系统将进一步提升检测效率与精度，尤其在复杂环境条件下。

（2）成像技术的突破

计算机断层扫描（CT）和红外热成像等成像技术在未来的无损检测中将占据重要位置。这些技术不仅能够实现木材内部缺陷的精确定位，还可结合人工神经网络分析多模态图像数据，从而更全面地评估木材质量。

11.1.1.2 人工神经网络在木材检测中的应用

（1）木材缺陷识别

人工神经网络被用于识别木材中的缺陷，如裂纹、节疤和腐朽等。通过训练神经网络识别这些缺陷的特征，可以实现自动化的缺陷检测。例如，基于卷积神经网络（CNN）的方法已被用于木材 CT 图像缺陷的识别。这类方法通过学习木材图像中的特征，能够自动检测和分类木材缺陷。

（2）木材材质预测和分类

人工神经网络（ANN）也被应用于木材材质的预测和分类。通过分析木材的物理和化学属性，ANN 可以预测木材的力学性能和其他重要特性。这种方法有助于在木材加工前对其进行分级，从而提高木材的利用率和加工效率。

（3）木材表面缺陷检测

在木材表面缺陷检测方面，ANN 技术通过图像处理和模式识别，能够自动检测木材表面的缺陷，如划痕、污渍和不均匀颜色等。这些技术的应用提高了检测的速度和准确性，减少了人工检测的成本和时间。

（4）木材无损检测技术的智能化

随着人工智能技术的发展，人工神经网络在木材无损检测中的应用趋向于智能化。通过结合多种传感器数据和先进的算法，ANN 能够实现对木材内部结构和缺陷的实时监测和分析。这种智能化的检测系统不仅提高了检测效率，还增强了在复杂环境条件下的适应性。

（5）多模态图像数据分析

人工神经网络能够处理和分析来自不同成像技术（如 CT 扫描和红外热成像）的多模态图像数据。通过结合这些数据，ANN 可以更全面地评估木材的质量，提高检测结果的准确性。

11.1.2　面临的挑战与对策

11.1.2.1　环境因素的干扰

木材的无损检测技术在面对复杂环境因素（如湿度、温度变化）时，检测结果可能出现显著偏差。例如，在寒冷环境中，水分冻结会导致阻力钻孔法和电阻抗谱技术的结果偏高。为此，未来研究应开发具有环境自适应能力的检测系统，通过实时校正技术，消除环境干扰对检测结果的影响。

11.1.2.2　技术集成的复杂性

多技术联合检测在提升精度和适用范围的同时，也增加了设备复杂性和数据处理难度。未来需要通过优化技术集成方案和开发智能化数据融合算法，降低系统复杂性，提高检测系统的鲁棒性。

11.1.2.3 标准化与工业应用

目前，木材无损检测的许多技术尚未形成统一的行业标准，导致在工业应用中缺乏一致性。未来需要联合科研机构、企业和政府部门，共同制定涵盖技术性能、数据处理和环境适应性的标准，推动技术的产业化。

11.2 木材无损检测技术的应用前景

11.2.1 木材无损检测技术在木材加工及保护方面的应用

（1）提高木材加工效率

木材无损检测技术在木材加工中的应用显著提升了材料利用率与产品质量。例如，利用声波和阻力钻孔法结合的多技术检测，可以快速识别木材内部缺陷，从而优化锯切路径和加工工艺。这种智能化检测方案在高精度需求的家具、地板和装饰材料制造中具有广泛应用前景。

（2）木材保护与性能优化

无损检测技术可用于监测木材的物理性质和力学性能的变化，从而指导木材防护措施的实施。例如，通过红外热成像技术，能够实时捕捉木材表面热异常区域，提前发现可能的虫害和腐朽隐患；而电阻抗谱（EIS）则能评估木材含水率和内部结构的稳定性，为木材防潮和加固处理提供依据。

11.2.2 木材无损检测技术在木材工程中的重要性

（1）工程木产品质量控制

无损检测技术在工程木产品（如胶合板、木质托盘和层压木材）的制造过程中，发挥着重要的质量控制作用。例如，声发射（AE）技术可用于在线实时监测胶合板的应力损伤过程，利用其特征参数分辨基体开裂、脱胶分层及纤维断裂等问题。此外，多模态数据分析技术与 BP 神经网络的结合，显著提升了复杂结构木制品的损伤识别精度。

（2）建筑工程中的木材应用

在建筑工程领域，木材无损检测技术对于保障结构安全与延长使用寿命至关重要。基于 CT 成像和声波检测的联合技术，能够精确评估承重木结构的内部缺陷，如裂缝、空洞和密度变化，从而提供科学依据以指导修复或更换。此外，在历史建筑木结构修复中，检测技术可用于评估老化程度及防腐处理效果，助力文化遗产保护。

11.2.3　木材无损检测技术在木材工程中的应用前景

（1）智能化与自动化发展

未来，木材无损检测将进一步融合人工智能（AI）、大数据和物联网技术，实现从单一技术到集成化、从离线检测到在线实时监测的跨越。例如，自动化检测系统将应用于木材加工生产线，通过多传感器协同工作和数据融合分析，实现全过程的质量监控和优化。

（2）助力可持续发展

无损检测技术将为木材资源的高效利用和可持续管理提供强大支持。例如，基于环境参数修正的检测技术，可用于动态评估森林资源的健康状况和生长质量；同时，通过快速评估木材性能，实现次优材和小径木的高效加工，提高林业资源利用率。

11.3　本章小结

在长期监测与环境管理方面，木材无损检测技术为木材质量控制提供了强有力的支持，尤其是在动态环境下的性能评估。通过引入机器学习和人工智能等技术，能够有效补偿环境因素对检测结果的干扰，提升检测系统的鲁棒性和精度。此外，未来木材无损检测技术将进一步发展成智能化、自动化的检测系统，以适应更复杂的木材应用场景，为木材加工、保护及质量管理提供科学依据。

展望未来，木材无损检测技术将广泛应用于木材加工、建筑工程和资源管理等多个领域。随着智能检测设备的普及和技术集成化的发展，木材无损检测技术将在提升木材加工效率的基础上，进一步在优化资源利用、保障建筑结构安全等方面发挥重要作用。尽管目前仍面临环境适应性、技术标准化等挑战，但随着技术的不断创新和完善，木材无损检测技术将在推动木材行业现代化转型和实现可持续发展方面发挥不可替代的作用。

参考文献

白晓彬，吴婧姝，杨娜，等，2023. 山西落叶松古旧木材材料性能无损检测技术研究[J]. 太原理工大学学报，54（6）：1101-1108.

曹振熙，1994. 工业·民用与交通建筑荷载学［M］. 西安：陕西科学技术出版社.

常晨，王秀兰，冯仲科，等，2020. 电动生长锥结合 Python 树木年轮信息提取研究[J]. 中国农业科技导报，22（5）：97-105.

陈东升，吴春燕，谢允慧，等，2024. 基于遗传效应和气候变量的日本落叶松微纤丝角预测［J］. 北京林业大学学报，46（7）：44-54.

陈金龙，孙晨光，秦玉文，等，2004. 复合材料（结构）粘接质量检测的错位散斑技术[J]. 宇航学报，25（3）：323-326，342.

陈雷，2006. X 射线断层技术在原木无损检测中的研究［D］. 哈尔滨：东北林业大学.

陈永固，2023. 基于高光谱技术的针叶树种死亡过程敏感波段提取研究［D］. 长沙：中南林业科技大学.

戴明远，2004. 木材含水量的无损检测［J］. 无损检测，26（1）：22-23，36.

邓志刚，邓荣斌，1998. 板材缺陷的微波检测［J］. 林业机械与木工设备，（6）：27-28.

刁秀明，孙品，1993. 木材电学性质与电测含水率计的使用［J］. 木材加工机械，（3）：18-20.

丁建文，王宝金，徐兆军，2006. 基于灰度直方图分析的原木 CT 图像分割［J］. 木材加工机械，（5）：1-4.

丁显印，陶学雨，刁姝，等，2020. Pilodyn 和 Resistograph 对湿地松活立木基本密度的评估［J］. 南京林业大学学报（自然科学版），44（3）：142-148.

渡边治人，1985. 木材应用基础［M］. 北京：中国林业出版社.

杜洪双，李荣，修洪波，等，2002. 柞木干燥中电阻率与温度和含水率的关系［J］. 北华大学学报（自然科学版），3（4）：349-351.

范妍洁，卢玉斌，陈少波，等，2022. 基于微波法与电阻率法的智能冬笋探测器［J］. 林产工业，59（7）：38-42.

冯海林，李光辉，方益明，等，2010. 应力波传播模型及其在木材检测中的应用［J］. 系统仿真学报，22（6）：1490-1493.

付刚强，张庆荣，耿荣生，等，2005. 激光电子剪切散斑干涉成像技术在复合材料检测中的应用［J］. 无损检测，27（9）：466-468，503.

高珊，2008. 应力波在活立木冻结与常温状态下的传播速度及其比较［D］. 哈尔滨：东北林业大学.

高珊，王立海，王喜平，2014. 温度及水分状态对美国红松弯曲弹性模量的影响［J］. 林业科技开发，28（04）：38-42.

高鑫，2023. 木材CT图像分析算法研究与断层成像系统开发［D］. 济南：山东建筑大学.

郭霞丽，余碧云，梁寒雪，等，2017. 结合微树芯方法的树木生长生理生态学研究进展［J］. 植物生态学报，41（7）：795-804.

韩书霞，于雷，孔超，等，2007. 基于计算机断层扫描技术的木材密度检测研究［J］. 森林工程，23（1）：19-23.

何敏娟，张婷钰，倪春，等，2020. 基于可靠度的木结构荷载持续作用效应［J］. 同济大学学报（自然科学版），48（8）：1113-1121.

贺俊筱，王娟，杨庆山，2017. 摇摆状态下古建筑木结构木柱受力性能分析及试验研究［J］. 工程力学，34（11）：50-58.

洪友仁，何浩培，何小元，2006. 剪切散斑：一种光学测量技术及其应用［J］. 实验力学，21（6）：667-688.

侯淑莲，谢寰彤，2007. 医学影像原理与实验［M］. 北京：人民卫生出版社.

花全均，淳庆，张承文，等，2024. 基于荷载修正的传统木构建筑构件重要性分析方法研究［J］. 文物保护与考古科学，36（2）：73-84.

姜绍飞，乔泽惠，吴铭昊，等，2021. 考虑环境与荷载长期共同作用的木材本构模型研究［J］. 建筑结构学报，42（8）：160-168.

蒋陈侃，徐广洲，李绍成，2025. 基于压电阻抗的木材弹性模量检测［J］. 林业工程学报：1-9.

金弋博，2017. 木结构荷载持续作用效应及可靠度分析［D］. 哈尔滨：哈尔滨工业大学.

阚相成，解光强，李耀翔，等，2022. 温度变化对近红外光谱预测木材含水率的影响［J］. 光谱学与光谱分析，42（11）：3387-3394.

康柳，2017. 木质托盘及其板条应用性能的无损检测研究［D］. 北京：北京林业大学.

李长海，2014. 浅谈振动法在木材无损检验技术中的应用［J］. 科技创新与应用，（12）：251.

李汇源，2008. 验证荷载法的推广及其验证效率分析［J］. 水运工程，（12）：45-50.

李坚，2003. 木材波谱学［M］. 北京：科学出版社.

李娟，安静，王林，等，2013. 木材变色和腐朽的成因［J］. 科技资讯，（11）：84.

李猛，2024. 基于AE和DIC技术的木构件损伤检测试验研究［D］. 荆州：长江大学.

李猛，潘喜利，刘翔，等，2024. 基于 AE 和 DIC 监测的不同裂纹木构件损伤规律研究 [J]. 西南林业大学学报（自然科学版），44（4）：174-185.

李敏敏，谢文博，王正，等，2018. 正交胶合木铁杉规格材弹性模量的动态测试及应力分等 [J]. 林产工业，45（7）：28-32.

李馨然，林经康，安昕，等，2023. 热压工艺参数对杉木压缩木回复率与力学性能的影响 [J]. 林业工程学报，8（5）：37-45.

李祎璇，2020. 基于 BIM 技术的现代木结构建筑节点构造的设计研究 [D]. 天津：天津大学.

梁星宇，沈肇雨，黄俣劼，等，2022. 超声波检测法在木材无损检测的研究与展望 [J]. 木工机床，(3)：1-3，11.

刘唱，2020. 基于电阻率层析成像的木材缺陷检测研究 [D]. 杭州：浙江农林大学.

刘锋枫，陆佳平，2008. 均布载荷下木质托盘抗弯力学性能研究 [J]. 包装工程，29（3）：33-35.

刘佳，于孟言，高珊，等，2024. 基于 AE-BP 模型的杨木胶合板应力损伤识别 [J]. 中南林业科技大学学报，44（4）：169-179.

刘立磊，周华樟，李素超，等，2024. 正常使用极限状态受弯木构件变形计算及可靠度分析 [J]. 建筑结构学报，45（11）：210-221.

刘立伟，2017. 基于小波变换的木材应力波缺陷检测研究 [D]. 哈尔滨：东北林业大学.

刘瑞堂，刘锦云，2015. 金属材料力学性能 [M]. 哈尔滨：哈尔滨工业大学出版社.

刘扬，杨永红，2011. 验证荷载条件下既有梁桥可靠度分析 [J]. 公路交通科技，28（3）：90-94，100.

龙华迎，2015. 浅谈常见木材缺陷对材质的影响及合理利用 [J]. 科技致富向导，(9)：64.

陆斌辉，陆伟东，马晋，等，2024. 不同受力状态下木材本构模型研究进展 [J]. 南京工业大学学报（自然科学版），46（4）：355-367.

陆建兵，2021. 荷载试验在桥梁检测中的应用 [J]. 科技创新与应用，11（31）：108-111.

吕嘉莉，涂登云，胡传双，等，2023. 基于控制容积干缩模型的 X 射线法测算木材含水率分布 [J]. 林业科学，59（11）：76-84.

骆立，王静仪，徐兆军，等，2023. 基于近红外光谱技术建立木材产地鉴别模型 [J]. 光谱学与光谱分析，43（11）：3372-3379.

麻胜兰，陈志宁，邵顺安，等，2024. 基于声发射多参数耦合的木材裂缝检测方法 [J]. 建筑结构，54（2）：136-144.

潘小兆，2011. 既有建筑检测方法综述 [J]. 城市建设理论研究，(16)：1-6.

彭爱勤，2018. 基于《公路桥梁荷载试验规程》的桥梁荷载试验分析［J］. 广东建材，34（7）：33-37.

彭冠云，2009. 基于CT技术检测木材、竹材结构特征的研究［D］. 北京：中国林业科学研究院.

彭冠云，江泽慧，覃道春，等，2009. 基于CT技术的人造板剖面密度检测［J］. 木材工业，23（5）：19-21.

彭国勋，徐平，徐颖，等，2014. 机电产品木包装系统设计［M］. 北京：印刷工业出版社.

彭建，鲁鑫钥，余小晏，等，2023. 基于Pilodyn的楠木木材密度预测模型的建立［J］. 西北林学院学报，38（6）：269-275.

秦玉文，戴嘉彬，陈金龙，1996. 电子散斑方法的进展［J］. 实验力学，11（4）：63-69.

邱树清，1988. 电阻式带温度全自动补偿木材含水率的检测［J］. 木工机床，（2）：17-18.

任海青，江泽慧，2001. 人工林杉木、马尾松木材的断裂特性［J］. 林业科学，37（3）：118-121，147-148.

盛文林，2011. 动植物未解之谜全纪录［M］. 北京：台海出版社.

时小龙，王立海，徐华东，等，2017. 基于阻抗仪和ERT技术的红松内部腐朽定量检测［J］. 北京林业大学学报，39（9）：102-111.

司慧，2008. 落叶松材动态特性及其影响因素的研究［D］. 北京：北京林业大学.

宋闯，孙丽萍，王鹏鲲，等，2024. 基于近红外光谱技术的含节子木材抗弯性能研究［J］. 森林工程，40（4）：168-174.

宋国荣，何存富，黄垚，等，2007. 小试件材料弹性常数超声测量方法的研究［J］. 应用基础与工程科学学报，（02）：226-234.

宋路路，高鑫，王新洲，等，2017. 低场NMR技术测定竹材的纤维饱和点［J］. 林业工程学报，2（1）：36-40.

宋蛰存，林迎忠，顾广滨，1994. 活性对电导法测量木材含水率的影响［J］. 东北林业大学学报，22（1）：113-116.

孙丽萍，许述正，魏喜雯，等，2020. 应力波木材无损检测技术应用及研究进展［J］. 世界林业研究，33（6）：39-43.

陶嗣巍，2013. 树木风振特性试验研究与有限元分析［D］. 北京：北京林业大学.

陶玉萍，林颖，史嘉玥，等，2023. 基于目测法和振动法的木材弹性模量质量分等研究［J］. 木工机床，（3）：1-5.

汪睿，石兰兰，王玉荣，2023. 利用近红外光谱技术快速预测楸树木材抗弯性质［J］. 光谱学与光谱分析，43（2）：557-562.

王承琨，赵鹏，2020. 对光照变化不敏感的微观高光谱图像木材树种识别算法研究[J]. 红外与毫米波学报，39（1）：72-85.

王大为，王召巴，陈友兴，等，2019. 基于双高斯衰减模型的超声回波处理方法[J]. 物理学报，68（8）：084303.

王东，2020. 顺纹拉伸和弯曲作用下的木材破坏机理研究[D]. 南京：南京林业大学.

王广平，2012. 浅谈我国木材工业的现状及发展前景[J]. 城市建设理论研究，(19)：1-3.

王珏，李彦杰，陈益存，等，2023. 近红外光谱技术在林业领域的应用[J]. 南京林业大学学报（自然科学版），47（3）：237-246.

王明华，2023. 基于声发射技术的木材损伤辨识研究[D]. 昆明：西南林业大学.

王小屏，2013. 浅谈木材检验的现状与发展趋势[J]. 黑龙江科技信息，(13)：217.

王晓明，2017. 振动法在木材无损检验中的运用[J]. 农民致富之友，(19)：126.

王岩峰，樊淑萍，2013. 谈木材细胞壁的层次结构检验[J]. 科学与财富，(1)：1.

王玉婷，徐华东，王立海，等，2016. 温度对活立木横截面电阻值的影响[J]. 南京林业大学学报（自然科学版），40（4）：143-148.

王韵璐，王正，李敏敏，等，2017. MDF弹性模量、泊松比和剪切模量静态测试方法探讨[J]. 北京林业大学学报，39（10）：117-121.

王正，张栋，邹红艳，2024. 动态测试木材泊松比的悬臂梁1/3跨贴片法[J]. 林业科学，60（12）：128-135.

王志辉，2011. 高光谱遥感在森林树种识别中的应用[D]. 杭州：浙江农林大学.

魏喜雯，2021. 基于应力波回归模型的原木内部缺陷三维成像技术研究[D]. 哈尔滨：东北林业大学.

温佳璐，刘文静，张明辉，2024. 木材吸湿特性的研究方法[J]. 材料导报，38（18）：289-297.

吴华桥，周启友，刘汉乐，等，2009. 电阻率成像法在树干水分吸收过程研究中的应用[J]. 生态学杂志，28（2）：350-356.

肖岩，王睿，闻婕，2022. 正交胶合竹木（CLBT）研究进展[J]. 建筑结构学报，43（11）：126-139.

谢启芳，张利朋，王龙，等，2018. 木材径向反复受压应力-应变模型研究[J]. 湖南大学学报（自然科学版），45（3）：55-61.

邢碧滢，庞燕，2019. 小径木通用平托盘力学性能检测实验研究[J]. 中南林业科技大学学报，39（8）：131-138.

邢雪峰，李善明，金菊婉，等，2022. 高能微波处理辐射松木材的抗弯力学性能与损伤演化特征[J]. 北京林业大学学报，44（8）：107-116.

徐华东，王立海，高珊，2012. 一种活立木边材含水率估测方法：CN102841031A[P]. 2012-12-26.

徐华东，徐国祺，王立海，等，2014. 原木横截面应力波传播时间等值线绘制及影响因素分析［J］. 林业科学，50（4）：95-100.

徐群，徐华东，狄亚楠，等，2019. 探针插入深度对时域反射法反演白桦树干含水率精度的影响［J］. 林业工程学报，4（4）：120-126.

徐速，周启友，刘汉乐，2006. ERT 法在树干水分运移监测中的运用［J］. 桂林工学院学报，26（3）：347-352.

徐兆军，王厚立，丁建文，等，2005a. 基于人工神经网络的原木 CT 图像缺陷识别［J］. 木材工业，19（4）：15-17.

徐兆军，业宁，王厚立，等，2005b. 基于样条函数的原木 CT 图像序列数据重建［J］. 南京林业大学学报（自然科学版），29（6）：132-134.

许中林，李国禄，董天顺，等，2014. 声发射信号分析与处理方法研究进展［J］. 材料导报，28（9）：56-60，73.

薛建阳，宋德军，路鹏，等，2024. 木材老化对古建筑木梁抗弯性能的影响分析［J］. 建筑结构，54（19）：66-73.

杨世军，2015. 热处理条件下柞木托盘构件力学特性的研究［D］. 哈尔滨：东北林业大学.

杨洋，申世杰，2010. 木材无损检测技术研究历史、现状和展望［J］. 科技导报，28（14）：113-117.

姚继涛，卢梅，1995. 验证荷载试验前后的结构可靠度及其分析［J］. 西安建筑科技大学学报，（3）：349-354.

姚建峰，符利勇，宋新宇，等，2022a. 微钻阻力法测量早晚材密度的可行性试验［J］. 林业工程学报，7（5）：66-73.

姚建峰，赵燕东，符利勇，等，2022b. 基于微钻阻力的树木年轮测量方法研究［J］. 农业机械学报，53（4）：52-59.

业宁，王厚立，徐兆军，等，2006. 基于支持向量机的木材缺陷识别［J］. 计算机应用与软件，23（4）：3-5.

余斌，高珊，王立海，等，2014. 超声波在原木内部传播理论研究［J］. 森林工程，30（1）：92-95，99.

于雷，戚大伟，2006. 计算机断层扫描技术检测木材缺陷研究［J］. 森林工程，22（5）：13-15.

苑春艳，2002. 桥梁荷载试验和模态分析［J］. 世界桥梁，（2）：40-43.

岳小泉，2017. 基于电阻法的木材内部腐朽定量检测研究［D］. 哈尔滨：东北林业大学.

战书东，刘光磊，2013. 建筑抗震结构设计要素及抗震措施探索［J］. 产业与科技论坛，12（19）：77-78.

张典，2024. 古建筑落叶松木构件自然老化材性变化［J］. 土木与环境工程学报（中英文），46（3）：144-151.

张厚江，崔英颖，王朝志，等，2009. 横向振动法测量结构用木材弹性模量［J］. 林业实用技术，（12）：57-59.

张厚江，申世杰，崔英颖，等，2005. 振动方式测定木材弹性模量［J］. 北京林业大学学报，27（6）：91-94.

张晋，许清风，商景祥，2013. 木柱单面及相邻两面受火后的剩余承载力试验［J］. 沈阳工业大学学报，35（4）：461-468.

张金菊，2007. 结构用锯材非破坏性检测综合分等技术研究 Combigrade 课题第二阶段试验［D］. 北京：北京林业大学.

张立峰，佟彤，肖凯，2023. 基于深度森林及电阻层析成像的气液两相流流型辨识［J］. 计量学报，（6）：893-898.

张凌波，2020. 足尺胶合木-螺栓-钢板连接节点抗弯力学性能分析［D］. 天津：天津大学.

张伟伟，贺玲凤，顾学甫，2006. 电子剪切散斑在检测材料缺陷中的应用［J］. 实验力学，21（6）：753-757.

张岩，2023. 高速冲击载荷下铝木夹层结构动态响应及失效行为研究［D］. 哈尔滨：东北林业大学.

张允士，张楠，樊华，等，2017. 交通荷载作用下古木建筑结构的振动预测方法与验证［J］. 西南交通大学学报，52（5）：902-909.

赵东，马荣宇，于立川，等，2024. 基于经验模态分解和小波包能量熵的杉木加载过程中细观损伤监测与识别［J］. 北京林业大学学报，46（3）：123-131.

赵鹏，韩金城，王承琨，2021. 基于 I-BGLAM 纹理和光谱融合的高光谱显微成像木材树种分类［J］. 光谱学与光谱分析，41（2）：599-605.

赵挺生，陈慧仪，1996. 现存结构可靠度的验证荷载分析［J］. 建筑结构，（3）：47-50.

郑玉红，2007. 中国薯蓣属（*Dioscorea L.*）周生翅组（*Sect. Enantiophyllum*）的系统学研究［D］. 南京：南京农业大学.

周佳如，李玉顺，王嘉琳，等，2020. 长期荷载作用下钢-竹组合楼板的力学性能［J］. 森林工程，36（1）：109-114.

周竹，方益明，尹建新，等，2015. 高光谱成像技术及其在木材无损检测中的研究进展［J］. 浙江农林大学学报，32（3）：458-466.

朱乐，2017. 钢筋混凝土板声发射损伤检测关键参数试验研究［D］. 西安：西安建筑科技大学.

朱磊，张厚江，孙燕良，等，2013. 基于应力波和微钻阻力的红松类木构件力学性能的无损检测［J］. 南京林业大学学报（自然科学版），37（2）：156-158.

朱蕾，2012. 木材表面缺陷图像识别的算法研究［D］. 南京：南京林业大学.

庄怡玲，王佳怡，王宇轩，等，2025. 含裂纹木梁横向振动力学模型研究［J］. 林业工程学报：1-15.

邹广平，芦颉，王微微，2009. 电子剪切散斑技术在木材无损检测中的应用［J］. 哈尔滨工程大学学报，30（4）：357-361.

左宏亮，宋鑫，郭楠，等，2017. 张弦及加载方式对预应力胶合木梁受弯性能的影响［J］. 东北林业大学学报，45（02）：65-70.

Acuña L，Martínez R，Spavento E，et al，2023. Modulus of elasticity prediction through transversal vibration in cantilever beams and ultrasound technique of different wood species ［J］. Construction and Building Materials，371：130750.

Ai M Y，Gao G，Zhao Z W，et al，2024a. Experimental study on fracture failure characteristics evaluation of wooden pallets in humid-cold environment based on piezoelectric technology ［J］. Industrial Crops and Products，222：119627.

Ai M Y，Zhou X Y，Gao G，et al，2024b. Falling damage behavior analysis and degree prediction for wooden pallet based on piezoelectric effect and acoustic emission ［J］. European Journal of Wood and Wood Products，82（4）：1227-1239.

Aichholzer A，Schuberth C，Mayer H，et al，2018. Microwave testing of moist and oven-dry wood to evaluate grain angle，density，moisture content and the dielectric constant of spruce from 8GHz to 12GHz ［J］. European Journal of Wood and Wood Products，76（1）：89-103.

Almeida A C，Siggins A，Batista T R，et al，2010. Mapping the effect of spatial and temporal variation in climate and soils on *Eucalyptus* plantation production with 3-PG，a process-based growth model ［J］. Forest Ecology and Management，259（9）：1730-1740.

Ando Y，Mizutani K，Wakatsuki N，2014. Electrical impedance analysis of potato tissues during drying ［J］. Journal of Food Engineering，121：24-31.

Arora R，2018. Mechanism of freeze-thaw injury and recovery：A cool retrospective and warming up to new ideas ［J］. Plant Science，270：301-313.

Arriaga F，Osuna-Sequera C，Bobadilla I，et al，2022. Prediction of the mechanical properties of timber members in existing structures using the dynamic modulus of elasticity and visual grading parameters ［J］. Construction and Building Materials，322：126512.

Ashworth E N，Davis G A，1984. Ice nucleation within peach trees ［J］. Journal of the American Society for Horticultural Science，109（2）：198-201.

Balasso M，Hunt M，Jacobs A，et al，2021. Characterisation of wood quality of *Eucalyptus nitens* plantations and predictive models of density and stiffness with site and tree characteristics ［J］. Forest Ecology and Management，491：118992.

Bandara S, Rajeev P, Gad E, et al, 2021. Structural health assessment of timber utility poles using stress wave propagation and artificial neural network techniques [J]. Journal of Nondestructive Evaluation, 40 (4): 87.

Barreiros R M, Godinho E Z, Pereira L C, et al, 2024. Methods in determining basic density of wood [J]. Wood Material Science & Engineering, 19 (4): 918-919.

Beck E H, Heim R, Hansen J, 2004. Plant resistance to cold stress: Mechanisms and environmental signals triggering frost hardening and dehardening [J]. Journal of Biosciences, 29 (4): 449-459.

Caetano-Andrade V L, Schöngart J, Ayala W E, et al, 2021. Advances in increment coring system for large tropical trees with high wood densities [J]. Dendrochronologia, 68: 125860.

Câmara A P, Vidaurre G B, Oliveira J C L, et al, 2020. Changes in hydraulic architecture across a water availability gradient for two contrasting commercial *Eucalyptus* clones [J]. Forest Ecology and Management, 474: 118380.

Charria D L G, Rodríguez V N, Oviedo M B S, et al, 2014. Estimación indirecta de densidad por el uso de "pilodyn" en *Eucalyptus pellita* F. Muell [J]. Colombia Forestal, 17 (2): 181-192.

Chen H L, Ferrari C, Angiuli M, et al, 2010. Qualitative and quantitative analysis of wood samples by Fourier transform infrared spectroscopy and multivariate analysis [J]. Carbohydrate Polymers, 82 (3): 772-778.

Chen H Z, Song Q Q, Tang G Q, et al, 2013. The combined optimization of savitzky-golay smoothing and multiplicative scatter correction for FT-NIR PLS models [J]. ISRN Spectroscopy, 2013: 642190.

Choat B, Ball M C, Luly J G, et al, 2005. Hydraulic architecture of deciduous and evergreen dry rainforest tree species from north-eastern Australia [J]. Trees, 19 (3): 305-311.

Dackermann U, Elsener R, Li J C, et al, 2016. A comparative study of using static and ultrasonic material testing methods to determine the anisotropic material properties of wood [J]. Construction and Building Materials, 102: 963-976.

Diesel K M F, da Costa F S L, Pimenta A S, et al, 2014. Near-infrared spectroscopy and wavelength selection for estimating basic density in *Mimosa tenuiflora* [Willd.] Poiret wood [J]. Wood Science and Technology, 48 (5): 949-959.

Downes G M, Harrington J J, Drew D M, et al, 2022. A comparison of radial wood property variation on pinus radiata between an IML PD-400 'resi' instrument and increment cores analysed by SilviScan [J]. Forests, 13 (5): 751.

Du X C, Zheng Y L, Feng H L, 2024. Stress wave hybrid imaging for detecting wood internal defects under sparse signals [J]. Forests, 15 (7): 1139.

Duncker P, Spiecker H, 2009. Detection and classification of Norway spruce compression wood in reflected light by means of hyperspectral image analysis [J]. IAWA Journal, 30 (1): 59-70.

Fataraitė-Urbonienė E, Juodeikienė I, Albrektas D, et al, 2019. Influence of heat treatment on the static bending strength of spruce wood [J]. Materials Science, 25 (4): 455-459.

Fang Y M, Lin L J, Feng H L, et al, 2017. Review of the use of air-coupled ultrasonic technologies for nondestructive testing of wood and wood products [J]. Computers and Electronics in Agriculture, 137: 79-87.

Fujikawa S, Kuwabara C, Kasuga J, et al, 2018. Supercooling-promoting (anti-ice nucleation) substances [J]. Survival Strategies in Extreme Cold and Desiccation. Singapore: Springer Singapore: 289-320.

Gale E J, Moyer M M, 2017. Cold hardiness of Vitis vinifera roots [J]. American Journal of Enology and Viticulture, 68 (4): 468-477.

Ge Z D, Chen L X, Luo R, et al, 2018. The detection of structure in wood by X-ray CT imagingtechnique [J]. BioResources, 13 (2): 3674-3685.

Geladi P, Eriksson D, Ulvcrona T, 2014. Data analysis of hyperspectral NIR image mosaics for the quantification of linseed oil impregnation in Scots pine wood [J]. Wood Science and Technology, 48 (3): 467-481.

Green D W, Gorman T M, Evans J W, et al, 2006. Mechanical grading of round timber beams [J]. Journal of Materials in Civil Engineering, 18 (1): 1-10.

Guan Y L, Hwarari D, Korboe H M, et al, 2023. Low temperature stress-induced perception and molecular signaling pathways in plants [J]. Environmental and Experimental Botany, 207: 105190.

Guo X, Zhou F W, Deng S D, et al, 2023. Study on the static-bending properties of surface-reinforced wood with asymmetric fibers [J]. Forests, 14 (12): 2454.

Gusta L V, Wisniewski M, 2013. Understanding plant cold hardiness: An opinion [J]. Physiologia Plantarum, 147 (1): 4-14.

Gusta L V, O' Connor B J, MacHutcheon M G, 1997. The selection of superior winter-hardy genotypes using a prolonged freeze test [J]. Canadian Journal of Plant Science, 77 (1): 15-21.

Gusta L V, Tyler N J, Chen T H, 1983. Deep undercooling in woody taxa growing north of the −40℃ isotherm [J]. Plant Physiology, 72 (1): 122-128.

Guy C L, 2003. Freezing tolerance of plants: Current understanding and selected emerging concepts [J]. Canadian Journal of Botany, 81 (12): 1216-1223.

Hagman P O G, Grundberg S A, 1995. Classification of Scots pine (Pinus sylvestris) knots in density images from CT scanned logs [J]. Holz Als Roh-und Werkstoff, 53 (2): 75-81.

Han F, Jiang J W, Xu K, et al, 2019. Damage detection of common timber connections using piezoceramic transducers and active sensing [J]. Sensors, 19 (11): 2486.

Harding G, Harding E, 2010 . Compton scatter imaging: A tool for historical exploration [J]. Applied Radiation and Isotopes, 68 (6): 993-1005.

Hasan M, Zhao J W, Jiang Z Y, 2017. A review of modern advancements in micro drilling techniques [J]. Journal of Manufacturing Processes, 29: 343-375.

HaseA , Wada M , Mishina H, 2008. The relationship between acoustic emissions and wear particles for repeated dry rubbing [J]. Wear, 265 (5-6): 831-839.

Hasselblatt M, 1926. Der wasserdampfdruck und die elektrische leitfähigkeit des holzes in abhängigkeit von seinem wassergehalt [J]. Zeitschrift Für Anorganische und Allgemeine Chemie, 154 (1): 375-385.

Hein P R G, Pakkanen H K, Dos Santos A A, 2017. Challenges in the use of Near Infrared Spectroscopy for improving wood quality: A review [J]. Forest Systems, 26 (3): eR03.

Hiruma J, 1915. Experiment of electrical resistance in wood [J]. Bulletin of the Forest Experiment Station, 2 (2): 59-65.

Hung Y Y, 1982. Shearography: A new optical method for strain measurement and nondestructive testing [J]. Optical Engineering, 21 (3): 391-395.

Ibanez T, Chave J, Barrabé L, et al, 2017. Community variation in wood density along a bioclimatic gradient on a hyper-diverse tropical island [J]. Journal of Vegetation Science, 28 (1): 19-33.

Jacobs P, Sevens E, Kunnen M, 1995. Principles of computerised X-ray tomography and applications to building materials [J]. Science of The Total Environment, 167 (1-3): 161-170.

Jacquin P, Longuetaud F, Leban J M, et al, 2017. X-ray microdensitometry of wood: A review of existing principles and devices [J]. Dendrochronologia, 42: 42-50.

Jócsák I, Végvári G, Vozáry E, 2019. Electrical impedance measurement on plants: A review with some insights to other fields [J]. Theoretical and Experimental Plant Physiology, 31 (3): 359-375.

Jones G, Liziniewicz M, Lindeberg J, et al, 2023. Non-destructive evaluation of downy and silver birch wood quality and stem features from a progeny trial in southern Sweden [J]. Forests, 14 (10): 2031.

Kobayashi K, Hwang S W, Okochi T, et al, 2019. Non-destructive method for wood identification using conventional X-ray computed tomography data [J]. Journal of Cultural Heritage, 38: 88-93.

Kobori H, Gorretta N, Rabatel G, et al, 2013. Applicability of Vis-NIR hyperspectral imaging for monitoring wood moisture content (MC) [J]. Holzforschung, 67 (3): 307-314.

Koch R E, Josefson C C, Hill G E, 2017. Mitochondrial function, ornamentation, and immunocompetence [J]. Biological Reviews of the Cambridge Philosophical Society, 92 (3): 1459-1474.

Kovaleski A P, Grossman J J, 2021. Standardization of electrolyte leakage data and a novel liquid nitrogen control improve measurements of cold hardiness in woody tissue [J]. Plant Methods, 17 (1): 53.

Krajewski A, Bilski P, Witomski P, et al, 2024. Assessment of the ability for early detection of newly hatched larvae of *Hylotrupes bajulus* L. using the acoustic emission method in Scots pine wood [J]. BioResources, 19 (2): 2092-2105.

Lasaygues P, Arciniegas A, Espinosa L, et al, 2018. Accuracy of coded excitation methods for measuring the time of flight: Application to ultrasonic characterization of wood samples [J]. Ultrasonics, 89: 178-186.

León-Chan R G, López-Meyer M, Osuna-Enciso T, et al, 2017. Low temperature and ultraviolet-B radiation affect chlorophyll content and induce the accumulation of UV-B-absorbing and antioxidant compounds in bell pepper (*Capsicum annuum*) plants [J]. Environmental and Experimental Botany, 139: 143-151.

Li J Y, Ma E N, 2021. Characterization of water in wood by time-domain nuclear magnetic resonance spectroscopy (TD-NMR): A review [J]. Forests, 12 (7): 886.

Li S C, Yu Q, Pu J J, et al, 2018. Study on mechanical properties and acoustic emission characteristics of metallic materials under the action of combined tension and torsion [J]. Engineering Fracture Mechanics, 200: 451-464.

Li X Y, Wang X M, Zhang M H, 2017. An investigation of the drying rate of water in wood at different relative humidities studied by time domain nuclear magnetic resonance [J]. BioResources, 12 (2) .

Lim C C, Arora R, Townsend E C, 1998. Comparing gompertz and richards functions to estimate freezing injury in rhododendron using electrolyte leakage [J]. Journal of the American Society for Horticultural Science, 123 (2): 246-252.

Lin C J, Chung C H, Yang T H, et al, 2012. Detection of electric resistivity tomography and evaluation of the sapwood-heartwood demarcation in three Asia Gymnosperm species [J]. Silva Fennica, 46 (3): 415-424.

Lindgren L O, 1991. Medical CAT-scanning: X-ray absorption coefficients, CT-numbers and their relation to wood density [J]. Wood Science and Technology, 25 (5): 341-349.

Luoranen J, Repo T, Lappi J, 2004. Assessment of the frost hardiness of shoots of silver birch (*Betula pendula*) seedlings with and without controlled exposure to freezing [J]. Canadian Journal of Forest Research, 34 (5): 1108-1118.

Ma Y H, Liang T Y, Wang Y F, et al, 2023. Experimental investigation of wave propagation characteristics in entangled metallic wire materials by acoustic emission [J]. Materials, 16 (13): 4723.

Macchioni N, Mannucci M, Olmi R, et al, 2013. Microwave reflectometric tool for non-destructive assessment of decay on timber structures [J]. Advanced Materials Research, 778: 281-288.

Mai T C, Razafindratsima S, Sbartaï Z M, et al, 2015. Non-destructive evaluation of moisture content of wood material at GPR frequency [J]. Construction and Building Materials, 77: 213-217.

Mihailova G, Solti Á, Sárvári É, et al, 2020. Freezing tolerance of photosynthetic apparatus in the homoiochlorophyllous resurrection plant Haberlea rhodopensis [J]. Environmental and Experimental Botany, 178: 104157.

Mori T, Inoue R, Tanaka K, 2024. Estimating the singleshear strength performance of joints using screws and nails with decayed wood [J]. Buildings, 14 (7): 1924.

Mousavi M, Gandomi A H, 2021. Wood hole-damage detection and classification via contact ultrasonic testing [J]. Construction and Building Materials, 307: 124999.

Nasir V, Ayanleye S, Kazemirad S, et al, 2022. Acoustic emission monitoring of wood materials and timber structures: A critical review [J]. Construction and Building Materials, 350: 128877.

Nicolotti G, Socco L V, Martinis R, et al, 2003. Application and comparison of three tomographic techniques for detection of decay in trees [J]. Arboriculture & Urban Forestry, 29 (2): 66-78.

Oven P, Merela M, Mikac U, et al, 2011. Application of 3D magnetic resonance microscopy to the anatomy of woody tissues [J]. IAWA Journal, 32 (4): 401-414.

Ouyang L, Leus L, Van Labeke M C, 2019. Three-year screening for cold hardiness of garden roses [J]. Scientia Horticulturae, 245: 12-18.

Paniagua V, Corrales J, Torres C, et al, 2022. Influence of timber moisture content on the ultrasonic wave velocity measurement of *Tectona grandis* L F and *Cupressus lusitanica* M. from costa rica [J]. Forests, 13 (8): 1296.

Patricio MA , Maravall D, 2007. A novel generalization of the gray-scale histogram and its application to the automated visual measurement and inspection of wooden Pallets [J]. Image and Vision Computing，25（6）：805-816.

Pearce R S，2001. Plant freezing and damage [J]. Annals of Botany，87（4）：417-424.

Radwan M，Thiel D V，Espinosa H G，2021. Single-sided microwave near-field scanning of pine wood lumber for defect detection [J]. Forests，12（11）：1486.

Reiterer A，Lichtenegger H，Fratzl P，et al，2001. Deformation and energy absorption of wood cell walls with different nanostructure under tensile loading [J]. Journal of Materials Science，36（19）：4681-4686.

Repo T，Hiekkala P，Hietala T，et al，1997. Intracellular resistance correlates with initial stage of frost hardening in willow（*Salix viminalis*） [J]. Physiologia Plantarum，101（3）：627-634.

Repo T，Korhonen A，Lehto T，et al，2016. Assessment of frost damage in mycorrhizal and non-mycorrhizal roots of Scots pine seedlings using classification analysis of their electrical impedance spectra [J]. Trees，30（2）：483-495.

Repo T，Wu D X，Hänninen H，2021. Autumn cold acclimation of shoots does not explain the northern distribution limit of three southern exotic tree species in Finland [J]. Environmental and Experimental Botany，188：104526.

Repo T，Volanen V，Pulkkinen P，2022. No difference in the maximum frost hardiness of different pedunculate oak populations in Finland [J]. Silva Fennica，56（2）.

Repo T，Zhang G，Ryyppö A，et al，2000. The electrical impedance spectroscopy of Scots pine（*Pinus sylvestris L.*）shoots in relation to cold acclimation [J]. Journal of Experimental Botany，51（353）：2095-2107.

Repo T，Zhang M I N，Ryyppö A，et al，1994. Effects of freeze thaw injury on parameters of distributed electrical circuits of stems and needles of Scots pine seedlings at different stages of acclimation [J]. Journal of Experimental Botany，45（6）：823-833.

Rescalvo F J，Portela M，Cruz C，et al，2024. Relationship between the acoustic emission and the strain field in finger joints of engineered wood products for construction [J]. Engineering Failure Analysis，162：108411.

Riggio M，Sandak J，Franke S，2015. Application of imaging techniques for detection of defects，damage and decay in timber structures on-site [J]. Construction and Building Materials，101：1241-1252.

Ritonga F N，Chen S，2020. Physiological and molecular mechanism involved in cold stress tolerance in plants [J]. Plants，9（5）：560.

Rivero-Menendez O，Soto-Debran J C，Medina N，et al，2019. Molecular identification，antifungal susceptibility testing，and mechanisms of azole resistance in *Aspergillus* species received within a surveillance program on antifungal resistance in Spain [J]. Antimicrobial Agents and Chemotherapy, 63 (9): 1110-1128.

Rocha-Sepúlveda M F, Vega M, Harrison P A, et al, 2023. Using ensemble learning to model climate associated variation in wood properties of planted *Eucalyptus nitens* in north-western Tasmania [J]. New Forests, 54 (5): 867-895.

Rohman A , Windarsih A , Lukitaningsih E , et al, 2020. The use of FTIR and Raman spectroscopy in combination with chemometrics for analysis of biomolecules in biomedical fluids: A review [J]. Biomedical Spectroscopy and Imaging, 8 (3-4): 55-71.

Roman K, Rzodkiewicz W, Hryniewicz M, 2023. Analysis of forest biomass wood briquette structure according to different tests of density [J]. Energies, 16 (6): 2850.

Romero Fogué D, Masot Peris R, Ibáñez Civera J, et al, 2022. Monitoring freeze-damage in grapefruit by electric bioimpedance spectroscopy and electric equivalent models [J]. Horticulturae, 8 (3): 218.

Ross R J. 2015. Nondestructive evaluation of wood [M]. Government Printing Office.

Sandak J, Sandak A, Meder R, 2016. Assessing trees, wood and derived products with near infrared spectroscopy: Hints and tips [J]. Journal of Near Infrared Spectroscopy, 24 (6): 485-505.

Schimleck L, Dahlen J, Apiolaza L A, et al, 2019. Non-destructive evaluation techniques and what they tell us about wood property variation [J]. Forests, 10 (9): 728.

Schimleck L R, 2007. Near-infrared spectroscopy: A rapid non-destructive method for measuring wood properties and its application to tree breeding [J]. New Zealand Journal of Forestry Science, 38 (1): 14-35.

Sette C R, Tomazello F M, Lousada J L, et al, 2016. Relationship between climate variables, trunk growth rate and wood density of *Eucalyptus grandis* W. Mill ex Maiden trees [J]. Revista Árvore, 40 (2): 337-346.

Shammi S, Sohel F, Diepeveen D, et al, 2022. Machine learning-based detection of freezing events using infrared thermography [J]. Computers and Electronics in Agriculture, 198: 107013.

Sharapov E, Korolev A, Demakov Y, 2025. The effect of temperature and moisture content on drilling resistance measurements in wood (*Pinus sylvestris* L.) [J]. Wood Material Science & Engineering, 20 (3): 564-570.

Shi J B, Qian L X, Wang Z S, et al, 2024. An alternative approach for conditioning wood samples in nuclear magnetic resonance studies [J]. Wood Science and Technology, 58 (4): 1409-1425.

Shigo A L, Shigo A, 1974. Detection of discoloration and decay in living trees and utility poles [J]. US Department of Agriculture, Forest Service-Resource Bulletin, 29 (4): 3-10.

Snyder R L, J Paulo de Melo-Abreu S M. 2005. Frost protection: Fundamentals, practice and economics. Volume 2.

Song X Y, Gao T, Ai M Y, et al, 2024. The effect of seasonal temperature difference on estimated wood density in *Populus ussuriensis* Kom. trees by the resistance drilling method [J]. Wood Material Science & Engineering: 1-12.

Stamm A J, 1927. The electrical resistance of wood as a measure of its moisture content [J]. Industrial & Engineering Chemistry, 19 (9): 1021-1025.

Stelzner J, Million S, 2015. X-ray computed tomography for the anatomical and dendrochronological analysis of archaeological wood [J]. Journal of Archaeological Science, 55: 188-196.

StelznerJ , Million S , Stelzner I , et al, 2023. Non-destructive dendrochronology with X-ray computed tomography: The influence of different conservation methods for waterlogged archaeological wood [J]. Dendrochronologia, 78: 126065.

Suarez E, Fuentes Y, Gaju-Ricart M, et al, 2023. Non-audible acoustic emission characterization of *Reticulitermes* termites in pine wood [J]. European Journal of Wood and Wood Products, 81 (4): 935-945.

Sutinen M L, Palta J P, Reich P B, 1992. Seasonal differences in freezing stress resistance of needles of *Pinus nigra* and *Pinus resinosa* : Evaluation of the electrolyte leakage method [J]. Tree Physiology, 11 (3): 241-254.

Takahashi D, Willick I R, Kasuga J, et al, 2021. Responses of the plant cell wall to subzero temperatures: A brief update [J]. Plant & Cell Physiology, 62 (12): 1858-1866.

Tattar T A, Shigo A L, Chase T, 1972. Relationship between the degree of resistance to a pulsed electric current and wood in progressive stages of discoloration and decay in living trees [J]. Canadian Journal of Forest Research, 2 (3): 236-243.

Thomas D S, Montagu K D, Conroy J P, 2004. Changes in wood density of *Eucalyptus camaldulensis* due to temperature: The physiological link between water viscosity and wood anatomy [J]. Forest Ecology and Management, 193 (1-2): 157-165.

Tiitta M, Tomppo L, Järnström H, et al, 2009. Spectral and chemical analyses of mould development on Scots pine heartwood [J]. European Journal of Wood and Wood Products, 67 (2): 151-158.

Tiwari K, Raisutis R, Samaitis V, 2017. Hybrid signal processing technique to improve the defect estimation in ultrasonic non-destructive testing of composite structures [J]. Sensors, 17 (12): 2858.

Tiwari NK , Singh S P , Akhtar M J, 2018. Near field planar microwave probe sensor for nondestructive condition assessment of wood products [J]. Journal of Applied Physics, 123 (22): 224502.

Tjeerdsma B F, Boonstra M, Pizzi A, et al, 1998. Characterisation of thermally modified wood: Molecular reasons for wood performance improvement [J]. Holz Als Roh-und Werkstoff, 56 (3): 149-153.

Tomppo L, Tiitta M, Laakso T, et al, 2011. Study of stilbene and resin acid content of Scots pine heartwood by electrical impedance spectroscopy (EIS) [J]. Holzforschung, 65 (5).

Umezaki E, 2006. Investigation of effect of grains on deformation of wood under shearing loads using electronic speckle pattern interferometry [J]. Key Engineering Materials, 326: 43-46.

van den Bulcke J, Masschaele B, Dierick M, et al, 2008. Three-dimensional imaging and analysis of infested coated wood with X-ray submicron CT [J]. International Biodeterioration & Biodegradation, 61 (3): 278-286.

van der Maaten-Theunissen, Boden S, van der Maaten E, 2013. Wood density variations of Norway spruce (*Picea abies* (L.) Karst.) under contrasting climate conditions in southwestern Germany [J]. Annals of Forest Research, 56 (1): 91-103.

van Duong D, Ridley-Ellis D, 2021. Estimating mechanical properties of clear wood from ten-year-old *Melia azedarach* trees using the stress wave method [J]. European Journal of Wood and Wood Products, 79 (4): 941-949.

Vannoppen A, Maes S, Kint V, et al, 2017. Using X-ray CT based tree-ring width data for tree growth trend analysis [J]. Dendrochronologia, 44: 66-75.

Vidholdová Z, Sandak A, Sandak J, 2019. Assessment of the chemical change in heat treated pine wood by near infrared spectroscopy [J]. Acta Facultatis Xylolgiae Zvolen res Publica Slovace, 61 (1): 31-42.

Vinciguerra A, Aleardi M, Madsen L M, et al, 2024. Stochastic inversion of time-lapse electrical resistivity tomography data by means of an adaptive ensemble-based approach [J]. Geophysical Prospecting, 72 (1): 268-284.

Vlad R, Pei G, Sidor C G, et al, 2022. Assessing standing-tree wood density by microdrilling in tending forestry work carried out on Norway spruce (*Picea abies* (L.) H. Karst) stands [J]. Forests, 13 (9): 1450.

Wang T, Wang Z Q, Yang Y, et al, 2022. Acoustic emission characteristics of different bamboo and wood materials in bending failure process [J]. Journal of Renewable Materials, 10 (2): 527-540.

Wang X, Wacker J P, Ross R J, et al, 2005. Nondestructive assessment of timber bridges using a vibration-based method [J]. American Society of Civil Engineers: 1-12.

Waterhouse R B, 2003. Microstrip patch antennas: A designer's guide [M]. Springer US.

Wei Q, Leblon B, La Rocque A, 2011. On the use of X-ray computed tomography for determining wood properties: A review [J]. Canadian Journal of Forest Research, 41 (11): 2120-2140.

Wei X W, Du C X, Xu S Z, et al, 2022. Research on stress wave wood nondestructive testing technology [J]. Journal of Physics: Conference Series, 2366 (1): 012035.

Weidenhiller A, Linsenmann P, Lux C, et al, 2019. Potential of microwave scanning for determining density and tension strength of four European hardwood species [J]. European Journal of Wood and Wood Products, 77 (2): 235-247.

Williamson G B, Wiemann M C, 2010. Measuring wood specific gravity correctly [J]. American Journal of Botany, 97 (3): 519-524.

Wu D X, Kukkonen S, Luoranen J, et al, 2019. Influence of late autumn preconditioning temperature on frost hardiness of apple, blueberry and blackcurrant saplings [J]. Scientia Horticulturae, 258: 108755.

Wu G F, Shen Y L, Fu F, et al, 2023. Mechanism of the super-large deformation behavior of poplar wood under transverse compression [J]. Industrial Crops and Products, 205: 117510.

WuL , Ogawa Y , Tagawa A, 2008. Electrical impedance spectroscopy analysis of eggplant pulp and effects of drying and freezing-thawing treatments on its impedance characteristics [J]. Journal of Food Engineering, 87 (2): 274-280.

Wu Z P, Liu W J, Tong Z H, et al, 2021. A novel transfer function based ring-down suppression system for PMUTs [J]. Sensors, 21 (19): 6414.

Xiong H B, Chen L, Yuan C, et al, 2021. A novel piezoceramic-based sensing technology combined with visual domain networks for timber damage quantification [J]. Frontiers in Materials, 8: 688594.

Yan X K, Li X H, Li J, et al, 2022. Investigating the gas holdup in a gas-liquid cyclonic flotation column through the electrical resistance tomography [J]. International Journal of Coal Preparation and Utilization, 42 (12): 3601-3617.

Yao J F, Zhao Y B, Lu J, et al, 2024. Research on the wood density measurement in standing trees through the micro drilling resistance method [J]. Forests, 15 (1): 175.

Yasuda Y, Iki T, Takashima Y, et al, 2021. Genetic gains in wood property can be achieved by indirect selection and nondestructive measurements in full-sib families of Japanese cedar (*Cryptomeria Japonica*. D. Don) plus tree clones [J]. Annals of Forest Science, 78

(2): 50.

Yue X Q, Wang L H, Shi X L, et al, 2018. Investigations on the effects of seasonal temperature changes on the electrical resistance of living trees [J]. Forests, 9 (9): 550.

Yu L, Liang Y L, Zhang Y Z, et al, 2020. Mechanical properties of wood materials using near-infrared spectroscopy based on correlation local embedding and partial least-squares [J]. Journal of Forestry Research, 31 (3): 1053-1060.

Zacchei E, Tadeu A, Almeida J, et al, 2022. Design of new modular metal pallets: Experimental validation and life cycle analysis [J]. Materials & Design, 214: 110425.

Zeng W P, Fujimoto T, Inagaki T, et al, 2024. Three-dimensional modeling of moisture transport in wood using near-infrared hyperspectral imaging and X-ray computed tomography in conjunction with finite element analysis [J]. Journal of Wood Science, 70 (1): 9.

Zhang L, Tiemann A, Zhang T H, et al, 2021a. Nondestructive assessment of cross-laminated timber using non-contact transverse vibration and ultrasonic testing [J]. European Journal of Wood and Wood Products, 79 (2): 335-347.

Zhang M L, Zhang Q H, Li J Q, et al, 2021b. Classification of acoustic emission signals in wood damage and fracture process based on empirical mode decomposition, discrete wavelet transform methods, and selected features [J]. Journal of Wood Science, 67 (1): 59.

Zhao C, Liu D G, Zhang C T, et al, 2024. Influence of specimen size on the compressive strength of wood [J]. Buildings, 14 (4): 1156.

Zhou C F, Jiang W, Cheng Q Z, et al, 2015. Multivariate calibration and model integrity for wood chemistry using Fourier transform infrared spectroscopy [J]. Journal of Analytical Methods in Chemistry, 2015: 429846.

Zielińska M, Rucka M, 2021. Non-destructive testing of wooden elements [J]. IOP Conference Series: Materials Science and Engineering, 1203 (3): 032058.